Funkschau Funktechnik

W0367331

Funkschau Funktechnik

Alexander Janson
Joachim Bergfeld

Scanner-Frequenztabelle

27 MHz – 10 Ghz

Eine detaillierte Übersicht über alle
Funkdienste für Funkscanner-Benutzer

Mit 5 Abbildungen
4., verbesserte Auflage

Franzis'

Die Deutsche Bibliothek – CIP-Einheitsaufnahme

Janson, Alexander:
Scanner-Frequenztabelle 27 MHz – 10 GHz: eine detaillierte Übersicht über alle Funkdienste für Funkscanner-Benutzer/ Alexander Janson; Joachim Bergfeld. – 4., verb. Aufl. – Feldkirchen: Franzis,1996
(Funkschau : Funktechnik)
ISBN 3-7723-6746-1
NE: Bergfeld, Joachim:; HST

Die Abbildungen auf den Seiten 34, 97 und 173 wurden mit freundlicher Genehmigung der Firma **Albrecht Kommunikationstechnik**, 22946 Trittau, reproduziert.

Die Abbildungen auf den Seiten 6 und 11 wurden mit freundlicher Genehmigung der Firma **Pan International**, 52146 Würselen, reproduziert.

© 1996 Franzis-Verlag GmbH, 85622 Feldkirchen

Sämtliche Rechte - besonders das Übersetzungsrecht - an Text und Bildern vorbehalten. Fotomechanische Vervielfältigungen nur mit Genehmigung des Verlages. Jeder Nachdruck, auch auszugsweise und jede Wiedergabe der Abbildungen, auch in verändertem Zustand, sind verboten.

Satz: typo spezial Ingrid Geithner, Erding
Druck: Offsetdruck Heinzelmann, München
Printed in Germany • Imprimé en Allemagne

ISBN 3-7723-6746-1

Vorwort

Da die Anzahl der Scannerbenutzer einen rasanten Zuwachs zu verzeichnen hat, wurde die Nachfrage über ein Informationswerk von Frequenzen und Betriebsverfahren immer lauter. Somit wurde ein Buch geschaffen, das als Arbeitsgrundlage für den Scannerbetrieb unumgänglich ist. Dabei wurde die Rechtslage, sowie die Frequenzbelegung vom Januar 1994 zu Grunde gelegt.

Bitte beachten Sie besonders die Rechtslage zum Scannerbetrieb, die in diesem Buch ausgiebig behandelt wird.

Schon seit Jahrzehnten ist der Funkempfang ein beliebtes Hobby vieler Radiobesitzer, die meist nächtelang vor ihrem Lautsprecher sitzen und den Ätherwellen zuhören. Gerade die Scanner haben diesem Hobby zu neuer Begeisterung verholfen.

Wir hoffen, mit diesem Nachschlagewerk die Lücke zwischen Scanner und Anwender geschlossen zu haben, und wünschen allseits guten Empfang.

Joachim Bergfeld und *Alexander Janson*

SeaCom
Kaiser
NFT-1000

Inhalt

1 Rechtslage

Vor dem Erwerb eines Scanners sollte man sich erst einmal die Frage stellen: „Was möchte ich hören?“ Als zweites kommt die Frage: „Was darf ich eigentlich hören?“

Das Bundesamt für Post und Telekommunikation hat mit der Amtsblattverfügung 115 vom 12.08.1992 die Frequenzbeschränkungen, die bis dato nur eingeschränkte Frequenzbenutzung erlaubten, aufgehoben. Somit konnten erstmals Empfänger ohne eingeschränkten Empfangsbereich zugelassen werden.

Die zulassungsfähigen Geräte benötigen mindestens einen Frequenzausschnitt, in dem Sendungen empfangen werden können, die „an alle“ gerichtet sind (z. B. Amateurfunk, Radio und Zeitzeichendienste). Empfänger, die ausschließlich im Viermeter-Band arbeiten, auf dem lediglich die BOS-Dienste zuhause sind, dürften somit keine Zulassungschance haben, obwohl das technische Zulassungsverfahren momentan nur die Störstrahlsicherheit beinhaltet.

Aussendungen auf Frequenzbereichen, die nicht „an alle“ gerichtet sind, dürfen öffentlich nicht empfangen werden. Dieses regelt das Fernmeldeanlagengesetz vom 10.08.1989. Empfängt man jedoch andere Funkdienste, so dürfen diese Nachrichten weder aufgezeichnet, noch ausgewertet, sowie die Tatsache ihres Empfangs keinem anderen mitgeteilt werden. Somit soll z. B. die kommerzielle Auswertung eines Funkspruches (der Feuerwehr) von z. B. einer Zeitungsredaktion, unter Strafe gestelllt werden.

Doch was hierzulande verboten ist, wird in der USA als Alltagsgeschäft behandelt.

Äußerst wichtig ist jedoch, daß Ihr Scanner entweder eine Postzulassung (BZT mit Bundesadler und Konfirmitätsnummer), oder ein CE-Zeichen trägt. Denn nur damit darf der Empfänger in Betrieb genommen werden.

37.75	—	38.25	Beweglicher Funkdienst ziv. mil. drahtlose Mikrofone Führungsfunkanlagen Fernwirkfunkanlagen Fester Funkdienst Radioastronomiefunkdienst
38.25	—	38.45	Beweglicher Funkdienst ziv. mil. Fester Funkdienst
38,45	—	39.85	Beweglicher Funkdienst ziv. Funkanwendungen der BOS Fester Funkdienst
39.85	—	41	Beweglicher Funkdienst ziv. mil. Personenrufanlagen Fernwirkfunkanlagen Modellfernsteuerung ISM-Anwendungen Fester Funkdienst
41	—	47	Beweglicher Funkdienst mil. Fester Funkdienst
47	—	68	Rundfunkdienst ziv. mil. In definierten geographischen Bereichen Fernsehrundfunk (Band 1) für die vorübergehende Einführung von T-DAB vorgesehen Beweglicher Landfunkdienst
68	—	70	Beweglicher Landfunkdienst ziv. Betriebsfunk Funkanwendungen der Eisenbahnen
70	—	74.2	Fester Funkdienst mil. Beweglicher Funkdienst außer beweglicher Flugfunkdienst
74.2	—	74.8	Beweglicher Landfunkdienst ziv. Funkanwendungen der BOS
74.8	—	75.2	Flugnavigationsfunkdienst ziv. mil. Markierungsfunkfeuer der Flugsicherung

75.2	—	78.7	Beweglicher Landfunkdienst ziv. Funkanwendungen der Eisenbahnen Betriebsfunk Funkanwendungen der BOS
78.7	—	84	Beweglicher Funkdienst mil. außer beweglicher Flugfunkdienst Fester Funkdienst
84	—	87.5	Beweglicher Landfunkdienst ziv. Funkanwendungen der BOS Funkrufdienst Eurosignal
87.5	—	100	Rundfunkdienst ziv. UKW-Tonrundfunk
100	—	108	Rundfunkdienst ziv. UKW-Tonrundfunk
108	—	117.975	Flugnavigationsfunkdienst ziv. mil. UKW-Drehfunkfeuer (VOR) und Landekurssender (ILS) der Flugsicherung
117.975	—	137	Beweglicher Flugfunkdienst
144	—	146	Amateurfunkdienst ziv. Amateurfunkdienst über Satelliten
146	—	148	Beweglicher Landfunkdienst ziv. Betriebsfunk Funkanwendungen der Eisenbahnen
148	—	149.9	Beweglicher Funkdienst ziv. außer beweglicher Flugfunkdienst (R) Funktelefonnetz B (auslaufend) Betriebsfunk Beweglicher Funkdienst über Satelliten (Richtung Erde-Weltraum)
149.9	—	150.05	Navigationsfunkdienst über Satelliten ziv. Beweglicher Landfunkdienst über Satelliten (Richtung Erde-Weltraum)
150.05	—	156.7625	Beweglicher Funkdienst ziv. außer beweglicher Flugfunkdienst Betriebsfunk

			Binnenwasserstraßenfunk
			Seefunk gem. Anh. 18 VO
			Funk
			Funktelefonnetz B (auslaufend)
156.7625	—	156.8375	Beweglicher Funkdienst ziv. mil.
			(Notfall und Anruf)
156.8375	—	174	Beweglicher Funkdienst ziv.
			außer beweglicher Flugfunkdienst
			Betriebsfunk
			Funkrufdienst ERMES
			Seefunkdienst gem. Anh. 18 VO Funk
			Binnenwasserstraßenfunk
			Funkanwendungen der BOS und Eisenbahnen
			Funktelefonnetz B (auslaufend)
			Fernwirkfunkanlagen
174	—	223	Rundfunkdienst ziv.
			Fernsehrundfunk (Band III)
			Reportagefunk
223	—	230	Rundfunkdienst ziv. mil.
			Fernsehrundfunk (Band III) auslaufend
			für die vorübergehende Einführung
			von T-DAB vorgesehen
			Beweglicher Landfunkdienst
230	—	235	Beweglicher Funkdienst mil.
			Flugfunk
			Richtfunk
			Fester Funkdienst
402	—	403	Wetterhilfenfunkdienst ziv. mil.
			Wettersonden
			Wettersatelliten
			med. Meßwertübertragung
			Wetterfunkdienst über Satelliten
			(Richtung Erde-Weltraum)
			Beweglicher Funkdienst außer
			beweglicher Flugfunkdienst

403	—	406	Wetterhilfenfunkdienst ziv. mil. Wettersonden
406	—	406.1	Beweglicher Funkdienst über Satelliten (Richtung Erde-Weltraum) ziv. mil. Satellitenbojen (EPIRBs) zur Kennzeichnung der Notposition
406.1	—	410	Beweglicher Landfunkdienst ziv. Radioastronomiefunkdienst
410	—	420	Beweglicher Landfunkdienst ziv. Einkanalrichtfunk auslaufend Bündelfunk Datenfunk Fester Funkdienst
420	—	430	Beweglicher Landfunkdienst ziv. Einkanalrichtfunk auslaufend Bündelfunk Datenfunk Fester Funkdienst
430	—	440	Amateurfunkdienst ziv. Fernwirkfunkanlagen ISM-Anwendungen Funkanlagen kleiner Leistung
440	—	470	Beweglicher Landfunkdienst ziv. Betriebsfunk Funktelefonnetz C Fernwirkfunkanlagen Funkrufdienste Personenruffunkanlagen Funkanwendungen der Eisenbahnen
470	—	790	Rundfunkdienst ziv. Fernsehrundfunk Band IV und V Reportagefunk Beweglicher Landfunkdienst

790	—	862	Fester Funkdienst ziv. mil. Richtfunk Beweglicher Funkdienst außer beweglicher Flugfunkdienst
862	—	890	Fester Funkdienst ziv. mil. schnurlose Telefone DSRR vorgesehen für Funkanwendungen der Eisenbahnen vorgesehen für digitalen Bündelfunk (TETRA) Beweglicher Funkdienst außer beweglicher Flugfunkdienst
890	—	960	Fester Funkdienst ziv. mil. Funktelefonnetze D schnurlose Telefone vorgesehen für Funkanwendungen der Eisenbahnen vorgesehen für digitalen Bündelfunk (TETRA) Beweglicher Funkdienst außer beweglicher Flugfunkdienst
960	—	1215	Flugnavigationsfunkdienst ziv. mil. Flugsicherungsanlagen (TACAN, DME, SSR, ACAS)
1400	—	1427	Erderkundungsfunkdienst über Satelliten (passiv) ziv. Aussendungen sind nicht zugelassen Radioastronomiefunkdienst Weltraumforschungsfunkdienst (passiv)
1427	—	1429	Fester Funkdienst ziv. mil. Richtfunk Beweglicher Funkdienst außer beweglicher Flugfunkdienst Weltraumfernwirkfunkdienst (Richtung Erde-Weltraum)

1429	— 1452	Fester Funkdienst mil. Richtfunk Beweglicher Funkdienst außer beweglicher Flugfunkdienst
1452	— 1492	Fester Funkdienst ziv. mil. Richtfunk Telemetrie (auslaufend) Teile des Bereiches sind für die Einführung von T-DAB vorgesehen Beweglicher Funkdienst außer beweglicher Flugfunkdienst (R) Rundfunkdienst Rundfunkdienst über Satelliten
1492	— 1525	Fester Funkdienst mil. Richtfunk Beweglicher Funkdienst außer beweglicher Flugfunkdienst
1645.5	— 1646.5	Beweglicher Funkdienst über Satelliten ziv. mil. (Richtung Erde-Weltraum) weltweites maritimes Not- und Sicherheitssystem (GMDSS)
1646.5	— 1656.5	Beweglicher Flugfunkdienst über Satelliten (R) ziv. mil. (Richtung Erde-Weltraum) Richtfunk INMARSAT Fester Funkdienst
1656.5	— 1660	Beweglicher Landfunkdienst über Satelliten ziv. mil. (Richtung Erde-Weltraum) Richtfunk INMARSAT Fester Funkdienst
1660	— 1660.5	Radioastronomiefunkdienst ziv. INMARSAT Beweglicher Landfunkdienst über Satelliten (Richtung Erde-Weltraum)

1660.5	— 1668.4	Radioastronomiefunkdienst ziv. Weltraumforschungsfunkdienst (passiv) Fester Funkdienst
1668.4	— 1670	Wetterhilfenfunkdienst ziv. Fester Funkdienst Radioastronomiefunkdienst
1670	— 1675	Fester Funkdienst ziv. öffentliches Passagiertelefon in Flugzeugen (TFTS) Wetterfunkdienst über Satelliten (Richtung Weltraum-Erde) Beweglicher Funkdienst
1675	— 1690	Wetterfunkdienst über Satelliten ziv. (Richtung Weltraum-Erde) Wettersatelliten Richtfunk Fester Funkdienst
1690	— 1700	Wetterhilfenfunkdienst ziv. Wettersatelliten Richtfunk Wetterfunkdienst über Satelliten (Richtung Weltraum-Erde) Fester Funkdienst
1700	— 1710	Fester Funkdienst ziv. mil. Richtfunk Wettersatelliten Wetterfunkdienst über Satelliten (Richtung Weltraum-Erde)
1710	— 1930	Fester Funkdienst ziv. mil. öffentliches Passagiertelefon in Flugzeugen (TFTS) Funktelefone E schnurlose Telekommunikationsanlagen (DECT)

	vorgesehen für zukünftige mobile Funktelekommunikationsnetze (FPLMTS) Richtfunk Beweglicher Funkdienst
2290 — 2300	Fester Funkdienst ziv. Richtfunk Beweglicher Funkdienst außer beweglicher Flugfunkdienst Weltraumforschungsfunkdienst (ferner Weltraum Richtung Weltraum-Erde)
2300 — 2320	Fester Funkdienst ziv. Richtfunk Beweglicher Funkdienst
2320 — 2400	Beweglicher Funkdienst ziv. mil. drahtlose Fernsehkameras Radar Nichtnavigatorischer Ortungsfunkdienst Amateurfunkdienst
2400 — 2450	Beweglicher Funkdienst ziv. mil. ISM-Anwendungen Funkbewegungsmelder Fernwirkfunkanlagen Funkanlagen für breitbandige Datenübertragungen (RLANs) Nichtnavigatorischer Ortungsfunkdienst Amateurfunkdienst
2450 — 2483.5	Fester Funkdienst ziv. mil. ISM-Anwendungen Funkbewegungsmelder Fernwirkfunkanlagen drahtlose Fernsehkameras Funkanlagen für breitbandige Datenübertragungen (RLANs) Beweglicher Funkdienst Nichtnavigatorischer Ortungsfunkdienst

2483.5	—	2500	Fester Funkdienst ziv. Richtfunk ISM-Anwendungen Beweglicher Funkdienst über Satelliten (Richtung Weltraum-Erde)
3400	—	3475	Fester Funkdienst ziv. Richtfunk INTERSPUTNIK Fester Funkdienst über Satelliten (Richtung Weltraum-Erde) Nichtnavigatorischer Ortungsfunkdienst Amateurfunkdienst
3475	—	3600	Fester Funkdienst ziv. Richtfunk INTERSPUTNIK Fester Funkdienst über Satelliten (Richtung Weltraum-Erde) Nichtnavigatorischer Ortungsfunkdienst
3600	—	4200	Fester Funkdienst ziv. Richtfunk INTELSAT INMARSAT (Speiseverbindungen) INTERSPUTNIK Fester Funkdienst über Satelliten (Richtung Weltraum-Erde)
4200	—	4400	Flugnavigationsfunkdienst ziv. mil. Funkhöhenmesser
4400	—	4800	Fester Funkdienst mil. Richtfunk
4800	—	4990	Fester Funkdienst mil. Richtfunk Radioastronomiefunkdienst
4990	—	5000	Fester Funkdienst mil. Richtfunk Radioastronomiefunkdienst

5000	—	5150	Flugnavigationsfunkdienst ziv. mil.
			Mikrowellenlandesystem (MLS)
5150	—	5250	Beweglicher Funkdienst ziv.
			vorgesehen für Mikrowellenlandesystem
			vorgesehen für Hochleistungsfunkanlagen
			für Breitbanddatenübertragung (HIPERLAN)
			Flugnavigationsfunkdienst
5250	—	5255	Nichtnavigatorischer Ortungsfunkdienst ziv.
			vorgesehen für Hochleistungsfunkanlagen
			für Breitbanddatenübertragung (HIPERLAN)
5255	—	5350	Nichtnavigatorischer Ortungsfunkdienst mil.
			Radar
			über die Nutzungsmöglichkeiten zwischen
			5255-5300 MHz für HIPERLAN wird gesondert
			entschieden
5350	—	5460	Flugnavigationsfunkdienst ziv. mil.
			Wetterradargeräte in Luftfahrzeugen
			Nichtnavigatorischer Ortungsfunkdienst
5460	—	5470	Navigationsfunkdienst ziv. mil.
			Wetterradargeräte in Luftfahrzeugen
			Nichtnavigatorischer Ortungsfunkdienst
5470	—	5650	Seenavigationsfunkdienst ziv. mil.
			Schiffsradar
			Wetterradar
			Funkanlagen für Vermessungszwecke
			Nichtnavigatorischer Ortungsfunkdienst
8100		8500	Weltraumforschungsfunkdienst ziv.
			(Richtung Weltraum-Erde)
			Fester Funkdienst
8500	—	8825	Nichtnavigatorischer Ortungsfunkdienst ziv. mil.
			Radar
8825	—	8850	Nichtnavigatorischer Ortungsfunkdienst ziv. mil.
			Radar
			Seenavigationsfunkdienst

8850	— 9000	Nichtnavigatorischer Ortungsfunkdienst ziv. mil.
		Radar
		Seenavigationsfunkdienst
9000	— 9200	Flugnavigationsdienst ziv. mil.
		Küsten- und Hafenradar
		Radar der Flugsicherung
		Seenavigationsfunkdienst
		Nichtnavigatorischer Ortungsfunkdienst
9200	— 9300	Nichtnavigatorischer Ortungsfunkdienst ziv. mil.
		Küsten- und Schiffsradar
		Seenavigationsfunkdienst
9300	— 9500	Navigationsfunkdienst ziv. mil.
		Wetterradar
		Schiffsradar
		Bewegungsmelder
		Nichtnavigatorischer Ortungsfunkdienst
9500	— 9800	Nichtnavigatorischer Ortungsfunkdienst mil.
		Radar
		Navigationsfunkdienst
9800	— 10000	Nichtnavigatorischer Ortungsfunkdienst mil.
		Radar
		Fester Funkdienst

Quelle: Frequenzbereichszuweisungsplan für die Bundesrepublik Deutschland und internationale Zuweisung der Frequenzbereiche 1994 Bundesministerium für Post und Telekommunikation

2.2 Frequenzzuweisung für das Viermeter-Band

Die folgende Übersicht zeigt die Frequenzzuweisungen im Bereich von 68 bis 87.5 MHz.

68.000 bis 68.040	Verkehrsbetriebe und Industrie
68.040 bis 68.080	Versuchsbetrieb
68.080 bis 68.620	Energieversorgungsunternehmen
68.620 bis 69.560	Eisenbahn
69.560 bis 69.920	Verkehrsbetriebe und Industrie
69.920 bis 69.940	zur besonderen Verwendung
69.940 bis 69.960	Forstverwaltung
69.960 bis 69.980	Umweltschutzbehörden
69.980 bis 70.000	Versuchsbetrieb
70.000 bis 74.200	Militär
70.040 bis 70.900	Eisenbahn
71.000 bis 71.700	Verkehrsbetriebe und Industrie
72.340 bis 72.760	Energieversorgungsunternehmen
74.200 bis 74.800	BOS = Behörden und Organisatonen mit Sicherheitsaufgaben
74.800 bis 75.200	Navigationsdienste für Flugverkehr
75.200 bis 77.500	BOS = Behörden und Organisationen mit Sicherheitsaufgaben
77.500 bis 77.620	Rundfunkanstalten
77.620 bis 77.800	zur besonderen Verwendung
77.800 bis 77.880	Versuchsbetrieb
77.880 bis 78.420	Energieversorgungsunternehmen
78.420 bis 78.700	Eisenbahn
78.700 bis 84.000	Militär
80.040 bis 80.900	Eisenbahn
81.000 bis 81.700	Verkehrsbetriebe und Industrie
82.340 bis 82.760	Energieversorgungsunternehmen
84.000 bis 87.275	BOS = Behörden und Organisationen mit Sicherheitsaufgaben
87.275 bis 87.500	Euro-Funkrufdienst

2.3 Frequenzzuweisungen für das Zweimeter-Band

Die folgende Übersicht zeigt die Frequenzzuweisungen im Bereich von 146 bis 174 MHz.

146.000 bis 146.360	Gemeinschaftsfrequenzen
146.360 bis 146.920	Eisenbahn
146.920 bis 147.280	Energieversorgungsunternehmen
147.280 bis 147.840	Gemeinschaftsfrequenzen
147.840 bis 148.020	Taxifunk
148.200 bis 148.320	Verkehrsbetriebe und Industrie
148.320 bis 148.340	Gemeinschaftsfrequenz
148.340 bis 148.400	Verkehrsbetriebe und Industrie
148.400 bis 149.140	Autotelefon B-Netz
149.140 bis 149.500	Verkehrsbetriebe und Industrie
149.500 bis 149.880	Energieversorgungsunternehmen
149.880 bis 149.900	zur besonderen Verwendung
149.900 bis 150.050	Satellitennavigation
150.050 bis 150.240	Versuchsbetrieb
150.240 bis 150.800	Taxifunk
150.800 bis 150.980	Verkehrsbetriebe und Industrie
150.980 bis 151.160	Gemeinschaftsfrequenzen
151.160 bis 151.360	Bodendienst auf Flughäfen
151.360 bis 151.540	Straßendienste
151.540 bis 151.720	Heilberufe
151.720 bis 151.900	zur besonderen Verwendung
151.900 bis 152.100	Straßendienste
152.100 bis 152.280	zur besonderen Verwendung
152.280 bis 152.460	Heilberufe
152.460 bis 152.640	Verkehrsbetriebe und Industrie
153.000 bis 153.740	Autotelefon B-Netz
153.740 bis 154.100	Verkehrsbetriebe und Industrie
154.100 bis 154.840	Energieversorgungsunternehmen
154.840 bis 155.400	Taxifunk
155.400 bis 155.580	Verkehrsbetriebe und Industrie

155.580 bis 155.760	Post
155.760 bis 156.000	zur besonderen Verwendung
156.000 bis 157.440	Schiffsfunk
157.440 bis 157.600	Post
157.600 bis 158.340	Autotelefon B2-Netz
158.340 bis 159.080	Gemeinschaftsfrequenzen
159.080 bis 159.440	Energieversorgungsunternehmen
159.440 bis 159.820	Schiffsfunk
159.820 bis 160.000	Bodendienst auf Flughäfen
160.000 bis 160.180	Rundfunkanstalten
160.180 bis 160.360	Versuchsbetrieb
160.360 bis 160.400	Landwirtschaft
160.420 bis 160.600	zur besonderen Verwendung
160.600 bis 162.040	Schiffsfunk
162.040 bis 162.200	Post
162.200 bis 162.940	Autotelefon B2-Netz
162.940 bis 163.300	zur besonderen Verwendung
153.300 bis 163.480	Gemeinschaftsfrequenzen
163.480 bis 163.680	Taxifunk
163.680 bis 164.040	Energieversorgungsunternehmen
164.040 bis 164.420	Schiffsfunk
164.420 bis 164.600	Bodendienst auf Flughäfen
164.400 bis 164.780	Rundfunkanstalten
164.780 bis 164.960	Versuchsbetrieb
164.960 bis 165.200	zur besonderen Verwendung
165.200 bis 165.700	BOS = Behörden und Organisationen mit Sicherheitsaufgaben
165.700 bis 166.440	zur besonderen Verwendung
166.440 bis 167.520	Eisenbahn
167.540 bis 169.400	BOS = Behörden und Organisationen mit Sicherheitsaufgaben
169.400 bis 169.800	Funkgeräte mit kleiner Leistung
169.800 bis 170.300	BOS = Behörden und Organisationen mit Sicherheitsaufgaben
170.300 bis 171.020	Sonstige Funkdienste

171.040 bis 172.120	Eisenbahn
172.140 bis 174.000	BOS = Behörden und Organisationen mit Sicherheitsaufgaben

2.4 Frequenzzuweisungen für das Siebzigzentimeter-Band

Die folgende Übersicht zeigt die Frequenzzuweisungen im Bereich von 450 bis 470 MHz.

450.000 bis 451.300	zur besonderen Verwendung
451.300 bis 455.740	Autotelefon C-Netz
455.740 bis 456.480	Funkgeräte kleiner Leistung
456.480 bis 456.840	zur besonderen Verwendung
456.840 bis 457.400	Taxifunk
457.400 bis 457.440	zur besonderen Verwendung
457.440 bis 458.320	Eisenbahn
458.320 bis 458.700	Verkehrsbetriebe und Industrie
456.700 bis 459.060	Gemeinschaftsfrequenzen
459.060 bis 459.240	Soziale Dienste
459.240 bis 459.520	zur besonderen Verwendung
459.520 bis 459.600	Versuchsbetrieb
459.600 bis 459.620	Notfall-Funkgeräte
459.620 bis 459.980	Gemeinschaftsfrequenzen
459.980 bis 460.000	Notfall-Funkgeräte
460.000 bis 461.300	zur besonderen Verwendung
461.300 bis 465.740	Autotelefon C-Netz
465.740 bis 466.480	Funkgeräte kleiner Leistung
466.480 bis 466.660	zur besonderen Verwendung
466.660 bis 467.220	Gemeinschaftsfrequenzen
467.220 bis 467.400	Taxifunk
467.400 bis 467.440	zur besonderen Verwendung
467.440 bis 468.320	Eisenbahn

468.320 bis 469.180	Personenrufanlagen
469.280 bis 469.520	zur besonderen Verwendung
469.520 bis 469.600	Versuchsbetrieb
469.600 bis 469.620	Auto-Notmeldesystem
469.620 bis 469.980	Gemeinschaftsfrequenzen
469.980 bis 470.000	Auto-Notmeldesystem

2.5 Übersicht nach Benutzergruppen geordnet

Die folgende Liste zeigt die Frequenzzuteilungen nach den wichtigsten Benutzergruppen alphabetisch geordnet.

BOS Behörden und Organisationen mit Sicherheitsaufgaben

164 Kanäle

Unterband:	74.215 bis 77.475	MHz
Oberband:	84.015 bis 87.255	MHz

92 Kanäle

Unterband:	167.560 bis 169.380	MHz
Oberband:	172.160 bis 173.980	MHz

DLRG Deutsche Lebensrettungsgesellschaft

155.890 MHz
155.910 MHz
155.930 MHz

Energieversorgungsunternehmen

27 Kanäle

Unterband:	68.080 bis 68.620	MHz
Oberband:	77.880 bis 78.420	MHz

18 Kanäle 146.920 bis 147.280 MHz

19 Kanäle
Unterband: 149.500 bis 149.880 MHz
Oberband: 154.100 bis 154.480 MHz

18 Kanäle
Unterband: 154.480 bis 154.840 MHz
Oberband: 159.080 bis 159.440 MHz

Zusätzlich in Hamburg, Hannover, München und im Ruhrgebiet:

21 Kanäle
Unterband: 72.340 bis 72.760 MHz
Oberband: 82.340 bis 82.760 MHz

Eisenbahnbetriebsfunk

47 Kanäle
Unterband: 68.620 bis 69.560 MHz
Oberband: 78.420 bis 79.360 MHz

28 Kanäle
146.360 bis 146.920 MHz

20 Kanäle
Unterband: 166.440 bis 166.840 MHz
Oberband: 171.040 bis 171.440 MHz

Weitere Kanalpaare:
166.870 und 171.470 MHz
166.890 und 171.490 MHz
166.930 und 171.530 MHz
166.970 und 171.570 MHz
167.110 und 171.710 MHz

167.130 und 171.730 MHz
167.150 und 171.750 MHz
167.170 und 171.770 MHz

Zusätzlich in Hamburg, Hannover, München und im Ruhrgebiet:

43 Kanäle

Unterband:	70.040 bis 70.900	MHz
Oberband:	80.040 bis 80.900	MHz

Flughäfen/Bodendienst

10 Kanäle
151.160 bis 151.360 MHz

9 Kanäle
159.820 bis 160.000 MHz

Forstverwaltung

69.950 MHz

Geldinstitute/Geldtransporte

155.790 MHz
155.810 MHz
155.850 MHz
155.950 MHz
456.230 MHz
466.230 MHz

Heilberufe

9 Kanäle
151.540 bis 151.720 MHz

Landwirtschaft

160.370 MHz

Rundfunkanstalten

6 Kanäle
77.500 bis 77.620 MHz

9 Kanäle

Unterband:	160.000 bis 160.180	MHz
Oberband:	64.600 bis 164.780	MHz

Soziale Dienste

9 Kanäle
459.060 bis 459.240 MHz

Sonstige Bedarfsträger

166.120 MHz
166.180 MHz
170.680 MHz
170.790 MHz

Straßendienste/Politessendienste

9 Kanäle
151.360 bis 151.540 MHz

10 Kanäle
151.900 bis 152.100 MHz

9 Kanäle
152.460 bis 152.640 MHz

Taxifunk

9 Kanäle
147.840 bis 148.020 MHz

9 Kanäle
148.020 bis 148.200 MHz

28 Kanäle
150.240 bis 150.800 MHz

28 Kanäle
154.840 bis 155.400 MHz

10 Kanäle
163.480 bis 163.680 MHz

19 Kanäle
456.840 bis 457.220 MHz

9 Kanäle

Unterband:	457.220 bis 457.400	MHz
Oberband:	467.220 bis 467.400	MHz

Umweltschutzbehörden

69.970 MHz

Verkehrsbetriebe und Industriebetriebe

18 Kanäle
69.570 bis 69.910 MHz

35 Kanäle

Unterband:	71.010 bis 71.690	MHz
Oberband:	81.010 bis 81.690	MHz

10 Kanäle
148.210 bis 148.390 MHz

9 Kanäle

Unterband:	149.150 bis 139.310	MHz
Oberband:	153.750 bis 153.910	MHz

9 Kanäle

Unterband:	149.330 bis 149.490	MHz
Oberband:	153.930 bis 154.100	MHz

9 Kanäle

Unterband:	150.800 bis 150.980	MHz
Oberband:	155.400 bis 155.580	MHz

18 Kanäle
152.640 bis 153.000 MHz

19 Kanäle
458.320 bis 458.700 MHz

Zugfunk

43 Kanäle

Unterband:	70.040 bis 70.900	MHz
Oberband:	80.040 bis 80.900	MHz

Scall

1 Kanal
430.360 MHz

1 Kanal
466.230 MHz

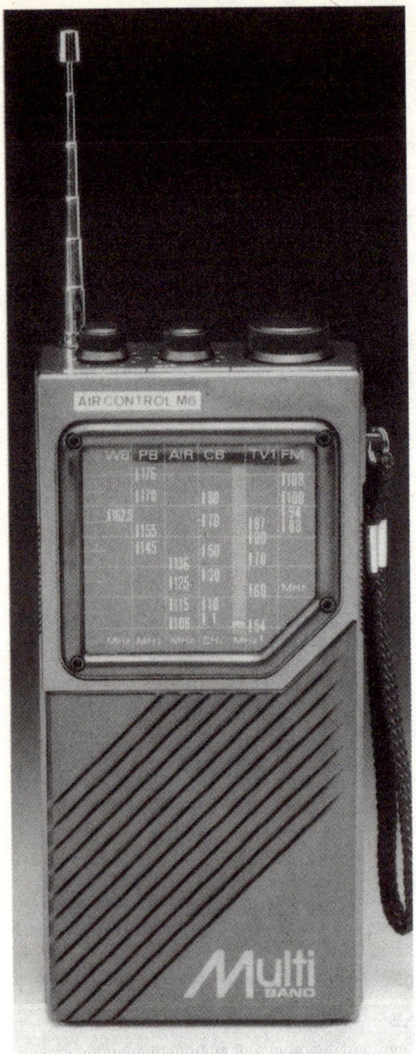
AIR CONTROL M6
WB PB AIR CB TV1 FM
Multi
BAND

AE-200
355.100
WIDE BAND
SCANNING RECEIVER

3 Übertragungsverfahren

3.1 Wechsel-, Gegen- und bedingtes Gegensprechen

Simplex-Betrieb

Im einfachsten Fall findet eine Sprechverbindung zwischen zwei Stationen auf *einer einzigen Frequenz* statt. Dies ist auch heute noch die am häufigsten angewandte Betriebsart im Funkverkehr allgemein (typisches Beispiel: Flugfunk).

Duplex-Betrieb

Diese Betriebsart wird auch als *Gegensprechen* bezeichnet. Der Funkverkehr wird auf zwei unterschiedlichen Frequenzen durchgeführt. Im Gegensatz zum Wechselsprechen (Simplex-Betrieb) kann von beiden Stationen A und B gleichzeitig gesprochen und empfangen werden.

Semiduplex-Betrieb

Diese Betriebsart wird bei den BOS-Funkdiensten am häufigsten anwendet. Man nennt sie auch *Bedingtes Gegensprechen*. Man baut auf einem hohen Geländepunkt (z. B. einem Berg) eine Relaisstation auf. Zu dieser besteht von beiden Stationen A und B aus Sichtkontakt und damit eine gute Funkverbindung. Bei der Relaisstation handelt es sich um ein Funkgerät, bei dem der Empfänger auf den Sender aufgeschaltet ist. Die Kommunikation funktioniert folgendermaßen:

Station A will mit Station B sprechen. Der Sender von A sendet im Unterband und tastet das Relais hoch, dessen Empfänger im Unterband arbeitet. Das Relais strahlt die im Unterband empfangene Sendung zeitgleich im Oberband wieder aus. Station B empfängt im Oberband diese Sendung.

Wenn Station B sprechen will, muß Station A seine Sendung beenden, weil sonst ja das Relais im Unterband zwei Stationen gleichzeitig aufnehmen würde. Also gilt hier die gleiche Sprechdisziplin wie beim Wechselsprechen, obwohl mit zwei Frequenzen gearbeitet wird. Daher läßt sich kein voller Duplex-Betrieb durchführen, sondern nur ein „halber“, also Semi-Duplex.

Drei Arten des Relaisbetriebs

Bei den BOS-Funkdiensten gibt es drei Arten des Relaisbetriebs, die mit RS1, RS2 und RS3 bezeichnet werden. Man nennt die RS1- und RS3-Relaisstellen auch *Kleine Relaisstellen*, die RS2-Stelle auch *Große Relaisstelle*.

RS1-Betrieb

Hier wird der Sender immer dann hochgetastet, wenn der Empfänger einen Hochfrequenzträger empfängt und die sog. *Trägerauswertung* anspricht. Der Nachteil dieser Methode besteht darin, daß das Relais zu flattern anfangen kann, wenn irgendein Störsignal das Relais ständig an- und abschaltet.

RS2-Betrieb

In dieser Betriebsart wird mit zwei Frequenzpaaren (also insgesamt mit vier Frequenzen) gearbeitet. Wie bei einer normalen Telefonverbindung ist hier das Gegensprechen möglich.

RS3-Betrieb

Hier wird der Sender des Relais nur dann hochgetastet, wenn der Empfänger ein bestimmtes *Tonsignal* empfängt (Tonruf I oder Tonruf II). Über ein *Zeitrelais* wird der Sender dann für eine bestimmte, einstellbare Zeitspanne aktiviert. Dadurch wird ein Flattern des Relais wie beim RS1-Betrieb vermieden. Der RS3-Betrieb arbeitet also störungsfreier

Allerdings müssen alle Teilnehmer vor Beginn eines Gesprächs erst einmal die Tonruftaste drücken. Falls das Gespräch länger als die eingestellte Zeitspanne dauert, fällt das Relais mitten im Gespräch ab und muß erneut hochgetastet werden. Insofern ist diese Methode also etwas umständlicher.

Verbindung mehrerer Funkkreise

Für den Einsatz bei Katastrophenfällen und für überregionale Fahndungsmaßnahmen ist es erforderlich, daß mehrere Funkkreise zusammengeschaltet werden können.

Beispielsweise ist ein Regierungsbezirk in fünf verschiedene Funkkreise eingeteilt, die alle im Viermeter-Band auf unterschiedlichen Kanälen arbeiten. Einige oder alle dieser Funkkreise können dann über Zweimeter-Strecken von einer Funkzentrale aus zusammengeschaltet werden.

Die beiden Relaisstellen arbeiten also im RS2-Betrieb, wobei Zweimeter- und Viermeterbetrieb miteinander gekoppelt sind. Dadurch ist es möglich, daß jeder Teilnehmer des Funkkreises 1 mit jedem Teilnehmer des Funkkreises 2 sprechen kann.

3.2 Gleichwellenfunk

Wurden bislang bei Feuerwehren große Sendereichweiten mit Relaisstationen, die per Tonruf „geöffnet" werden erreicht, so werden diese Relais auf Gleichwellenfunk umgestellt. Bei dieser Betriebsart werden nur durch das Aussenden des Trägers (Drücken der Sprechtaste) alle erreichbaren Relais in Betrieb genommen.

Der Vorteil: Das leidige Piepsen und Ruftastendrücken entfällt. Mehrere Relais öffnen gleichzeitig und erhöhen somit die Reichweite.

Der Nachteil: Bei Wetterlagen, in denen es zu Überreichweiten kommt, werden die Relais von anderen Relaisstaionen, die vielleicht noch mit Tonrufverfahren arbeiten, unnötig aufgetastet.

Für den Scannerempfang ändert sich nichts. Der Funkempfang bleibt wie beim Tonrufverfahren gewährleistet.

3.3 Bündelfunk

Beim Bündelfunk werden mehrere Frequenzen eines Bandes einem Computer zur Verwaltung überlassen. Dieser übernimmt dann die Verteilung der ankommenden Funksprüche auf die ihm zur Verfügung stehenden Kanäle. Somit wird erreicht, daß nur ein Funkgespräch auf einem Kanal geführt wird.

Auch hier kann der Betrieb automatisch über mehrere Relais erfolgen, wodurch sehr hohe Reichweiten erzielt werden.

Für den Scanner ist eine hohe Abtastgeschwindigkeit von Nöten. Alle vom Bündelfunk verwalteten Kanäle müssen eingespeichert werden, so daß der Scanner sie schnell erfassen kann.

4 Die BOS-Dienste

4.1 Allgemeines

Die Behörden und Organisationen mit Sicherheitsaufgaben — im folgenden kurz *BOS* genannt — arbeiten vorwiegend im Viermeter- und im Zweimeter-Band. Folgende Frequenzbereiche sind ihnen zugewiesen:

Viermeter-Band:	Unterband:	74.215 MHz bis 77.455 MHz
	Oberband:	84.015 MHz bis 87.255 MHz
	Kanalraster:	20 KHz
	Bandabstand:	9.8 MHz
Zweimeter-Band:	Unterband:	167.540 MHz bis 169.520 MHz
	Oberband:	172.140 MHz bis 174.120 MHz
	Kanalraster:	20 KHz
	Bandabstand:	4.6 MHz

Die Geräte arbeiten mit Frequenzmodulation (FM). Als Bedarfsträger kommen in Frage:

- Polizei
- Bundesgrenzschutz
- Zoll
- Feuerwehr
- Deutsches Rotes Kreuz
- Arbeiter-Samariter-Bund
- Malteser-Hilfsdienst
- Johanniter Orden
- Technisches Hilfswerk

Ferner arbeiten die BOS-Dienste noch im Siebzigzentimeter-Bereich. Dieser Frequenzbereich geht von 443.600 MHz bis 449.963 MHz.

4.2 2-Meter-Kanaltabelle

Beachten Sie, daß die Relaisstationen normalerweise immer im Oberband senden, die Fahrzeuge und Feststationen im Unterband. Alle Frequenzangaben sind in MHz.

Kanalnummer	Oberband	Unterband
200	172,140	167,540
201	172,160	167,560
202	172,180	167,580
203	172,200	167,600
204	172,220	167,620
205	172,240	167,640
206	172,260	167,660
207	172,280	167,680
208	172,300	167,700
209	172,320	167,720
210	172,340	167,740
211	172,360	167,760
212	172,380	167,780
213	172,400	167,800
214	172,420	167,820
215	172,440	167,840
216	172,460	167,860
217	172,480	167,880
218	172,500	167,900
219	172,520	167,920
220	172,540	167,940
221	172,560	167,960

Kanalnummer	Oberband	Unterband
222	172,580	167,980
223	172,600	168,000
224	172,620	168,020
225	172,640	168,040
226	172,660	168,060
227	172,680	168,080
228	172,700	168,100
229	172,720	168,120
230	172,740	168,140
231	172,760	168,160
232	172,780	168,180
233	172,800	168,200
234	172,820	168,220
235	172,840	168,240
236	172,860	168,260
237	172,880	168,280
238	172,900	168,300
239	172,920	168,320
240	172,940	168,340
241	172,960	168,360
242	172,980	168,380
243	173,000	168,400
244	173,020	168,420
245	173,040	168,440
246	173,060	168,460
247	173,080	168,480
248	173,100	168,500
249	173,120	168,520
250	173,140	168,540
251	173,160	168,560
252	173,180	168,580
253	173,200	168,600
254	173,220	168,620

Kanalnummer	Oberband	Unterband
255	173,240	168,640
256	173,260	168,660
257	173,280	168,680
258	173,300	168,700
259	173,320	168,720
260	173,340	168,740
261	173,360	168,760
262	173,380	168,780
263	173,400	168,800
264	173,420	168,820
265	173,440	168,840
266	173,460	168,860
267	173,480	168,880
268	173,500	168,900
269	173,520	168,920
270	173,540	168,940
271	173,560	168,960
272	173,580	168,980
273	173,600	169,000
274	173,620	169,020
275	173,640	169,040
276	173,660	169,060
277	173,680	169,080
278	173,700	169,100
279	173,720	169,120
280	173,740	169,140
281	173,760	169,160
282	173,780	169,180
283	173,800	169,200
284	173,820	169,220
285	173,840	169,240
286	173,860	169,260
287	173,880	169,280

Kanalnummer	Oberband	Unterband
288	173,900	169,300
289	173,920	169,320
290	173,940	169,340
291	173,960	169,360
292	173,980	169,380
293	174,000	169,400
294	174,020	169,420
295	174,040	169,440
296	174,060	169,460
297	174,080	169,480
298	174,100	169,500
299	174,120	169,520

4.3 4-Meter-Kanaltabelle

Kanalnummer	Oberband	Unterband
347	84,015	74,215
348	84,035	74,235
349	84,055	74,255
350	84,075	74,275
351	84,095	74,295
352	84,115	74,315
353	84,135	74,335
354	84,155	74,355
355	84,175	74,375
356	84,195	74,395
357	84,215	74,415
358	84,235	74,435
359	84,255	74,455
360	84,275	74,475
361	84,295	74,495

Kanalnummer	Oberband	Unterband
362	84,315	74,515
363	84,335	74,535
364	84,355	74,555
365	84,375	74,575
366	84,395	74,595
367	84,415	74,615
368	84,435	74,635
369	84,455	74,655
370	84,475	74,675
371	84,495	74,695
372	84,515	74,715
373	84,535	74,735
374	84,555	74,755
375	84,575	74,775
376	84,595	74,795
377	84,615	74,815
378	84,635	74,835
379	84,655	74,855
380	84,675	74,875
381	84,695	74,895
382	84,715	74,915
383	84,735	74,935
384	84,755	74,955
385	84,775	74,975
386	84,795	74,995
387	84,815	75,015
388	84,835	75,035
389	84,855	75,055
390	84,875	75,075
391	84,895	75,095
392	84,915	75,115
393	84,935	75,135
394	84,955	75,155

Kanalnummer	Oberband	Unterband
395	84,975	75,175
396	84,995	75,195
397	85,015	75,215
398	85,035	75,235
399	85,055	75,255
400	85,075	75,275
401	85,095	75,295
402	85,115	75,315
403	85,135	75,335
404	85,155	75,355
405	85,175	75,375
406	85,195	75,395
407	85,215	75,415
408	85,235	75,435
409	85,255	75,455
410	85,275	75,475
411	85,295	75,495
412	85,315	75,515
413	85,335	75,535
414	85,355	75,555
415	85,375	75,575
416	85,395	75,595
417	85,415	75,615
418	85,435	75,635
419	85,455	75,655
420	85,475	75,675
421	85,495	75,695
422	85,515	75,715
423	85,535	75,735
424	85,555	75,755
425	85,575	75,775
426	85,595	75,795
427	85,615	75,815

Kanalnummer	Oberband	Unterband
428	85,635	75,835
429	85,655	75,855
430	85,675	75,875
431	85,695	75,895
432	85,715	75,915
433	85,735	75,935
434	85,755	75,955
435	85,775	75,975
436	85,795	75,995
437	85,815	76,015
438	85,835	76,035
439	85,855	76,055
440	85,875	76,075
441	85,895	76,095
442	85,915	76,115
443	85,935	76,135
444	85,955	76,155
445	85,975	76,175
446	85,995	76,195
447	86,015	76,215
448	86,035	76,235
449	86,055	76,255
450	86,075	76,275
451	86,095	76,295
452	86,115	76,315
453	86,135	76,335
454	86,155	76,355
455	86,175	76,375
456	86,195	76,395
457	86,215	76,415
458	86,235	76,435
459	86,255	76,455
460	86,275	76,475

Kanalnummer	Oberband	Unterband
461	86,295	76,495
462	86,315	76,515
463	86,335	76,535
464	86,355	76,555
465	86,375	76,575
466	86,395	76,595
467	86,415	76,615
468	86,435	76,635
469	86,455	76,655
470	86,475	76,675
471	86,495	76,695
472	86,515	76,715
473	86,535	76,735
474	86,555	76,755
475	86,575	76,775
476	86,595	76,795
477	86,615	76,815
478	86,635	76,835
479	86,655	76,855
480	86,675	76,875
481	86,695	76,895
482	86,715	76,915
483	86,735	76,935
484	86,755	76,955
485	86,775	76,975
486	86,795	76,995
487	86,815	77,015
488	86,835	77,035
489	86,855	77,055
490	86,875	77,075
491	86,895	77,095
492	86,915	77,115
493	86,935	77,135

Kanalnummer	Oberband	Unterband
494	86,955	77,155
495	86,975	77,175
496	86,995	77,195
497	87,015	77,215
498	87,035	77,235
499	87,055	77,255
500	87,075	77,275
501	87,095	77,295
502	87,115	77,315
503	87,135	77,335
504	87,155	77,355
505	87,175	77,375
506	87,195	77,395
507	87,215	77,415
508	87,235	77,435
509	87,255	77,455

4.4 Verschleierung

Wegen der zunehmenden Anzahl der Scannerbetreiber sind immer mehr Funkdienste dazu übergegangen, ihre Aussendungen zu verschleiern. Die technisch einfachste Verfahrensweise ist die Invertierung. Dabei wird das NF-Signal auf eine Spiegelachse gesetzt, von der aus die Sprache invertiert wird. Das Signal hört sich ähnlich wie eine Micky-Mausstimme an.

Im Handel sind für diese Art von Verschleierung recht gute Decoder erhältlich, die jedoch ausschließlich im Amateurfunkband eingesetzt werden dürfen. Obwohl in diesem Bereich eigentlich nur in „offener Sprache" gesendet werden darf, wird jedoch auch hier z. B. mit 2 m Band Tonno-Handfunkgeräte experimentiert.

Zur Invertierung kommt beim C-Netz ein Digitalsignal noch hinzu. Somit besteht das ausgestrahlte Signal aus 11/12 Modulation und 1/12 Digitalinformation.

Wollten wir hierzu einen Decoder konstruieren, so müßte nicht nur das digitale Steuersignal herausgefiltert werden, sondern auch noch die Zeit expandiert werden, welches einen hohen technischen Aufwand fordert.

Die Funktelefonnetze D1 und D2 setzen vollkommen auf ein digitales Übermittlungsverfahren, womit einer Decodierung von einem Hobbybastler schon extreme Grenzen gesetzt sind.

BOS-Dienste verwenden zur ihrer normalen Kommunikation noch sogenannte Statusmelder. In diesem Übertragungs „blib" werden Informationen digital zu einem Monitor im Streifenfahrzeug übertragen.

Gerade durch die Freigabe der Frequenzbeschränkung und somit der Scanner ist die Industrie gefordert, immer neue Verschleierungsverfahren auf den Markt zu bringen.

Ein weiteres Schleierverfahren ist die Übertragung der Sprache mit einem Störsignal. Dabei wird ein Signal z. B. 800 Hz Rechteck gleichzeitig mit der Modulation ausgesendet. Gegenmaßnahme hierzu wäre ein synchronisierter, phasenverschobener Rechteckimpuls, der den Störer austastet.

Doch wie auch bei Computersystemen üblich, sind auch die Scannerhacker fleißig am Werk.

4.5 Feuerwehren und Rettungsdienste

Fahrzeug-Kennzahlenplan und allgemeine Funkrufnamen

Fahrzeuge der Führungskräfte

01	Leiter / KFI	
04	Feuerwehrtechnischer Bediensteter KV	
05	Wehrleiter / Stellvertreter	
06	Wehrleiter / Stellvertreter	

Einsatzleitfahrzeuge

11	Einsatzleitwagen	ELW1
12	Einsatzleitwagen	ELW2
12	Einsatzleitwagen	ELW3
14	TEL Bund	
15	Luftbeobachter	LuB
16	Krad	
17	Geräte-/ Baukraftwagen	GKBW
18	Feldkabelwagen	FeKw
19	Funkkraftwagen	FuKw

Tank- und Pulverlöschfahrzeuge

21	Tanklöschfahrzeug	TLF 8/18
23	Tanklöschfahrzeug	TLF 16/25
24	Tanklöschfahrzeug	TLF 24/50
26	Großtanklöschfahrzeug	GTLF
27	Trockentanklöschfahrzeug	TrTLF 16
28	Trockenlöschfahrzeug	TroLF
29	Schaummittelfahrzeug	SMF

Hubrettungsfahrzeuge und Schlauchwagen

31	Drehleiter	DL 16/4 (DL 18)
32	Drehleiter	DL 22

33	Drehleiter	DL 23/12 (DL 30)
34	Schlauchwagen	SW 1000
35	Schlauchwagen	SW 2000
36	Schlauchwagen	SW 2000 Tr
37	Wechselladerfahrzeug	WLF

Löschgruppen- / Tragkraftspritzenfahrzeuge

41	Löschgruppenfahrzeug	LF 8
44	Löschgruppenfahrzeug	LF 16
45	Löschgruppenfahrzeug	LF 16 TS
46	Löschgruppenfahrzeug	LF 24
47	Tragkraftspritzenfahrzeug	
48	Löschboot	LB

Rüstwagen und Gerätewagen

50	Vorausrüstwagen	VRW
51	Rüstwagen	RW 1
52	Rüstwagen	RW 2
53	Gerätewagen	GW
54	Gerätewagen Bund	GW
56	Rettungshundefahrzeug	RHF
57	Kranwagen	KW
58	Gerätewagen-Wasserrettung	GWW

Chemie / und Strahlenschutzfahrzeuge

61	Chemieschutzfahrzeug	CSF 1
62	Chemieschutzfahrzeug	CSF 2
63	Chemieschutzfahrzeug	CSF 3
64	Dekonterminations-u.Transportfahrz.	
65	Dekonterminationsfahrzeug	DMF
66	Gerätewagen Atemschutz	GWAS
67	Messtruppfahrzeug	
68	Strahlenmesstruppfahrzeug	SMF

Manschaftstransportfahrzeuge und LKW

71	Mannschaftstransportwagen	MTW
72	Mannschaftstranspw. mit Pritsche	
73	Lastkraftwagen bis 3t	LKW
74	Lastkraftwagen bis 7,5t	LKW
75	Lastkraftwagen über 7,5t	LKW

Rettungsdienstfahrzeuge

81	Notarztwagen	NAW
82	Notarzteinsatzfahrzeug	NEF
83	Rettungswagen	RTW
84	Rettungswagen	RTW
85	Rettungswagen	RTW
86	Großraumrettungswagen	GRTW
87	sonstige Rettungsfahrzeuge	
88	Rettungsboot	RTB
89	Rettungshubschrauber	RTH

Polizei, Feuerwehren und Rettungsleitstellen in alphabetischer Übersicht

Ort	Polizei	Feuerwehr	Rettung
Aachen	85.535 86.515	86.435 86.475	85.335
Ahaus	85.935	86.135	86.135
Ahrweiler	85.595	86.595	85.215
Aichach	85.535	86.335	75.455 85.355
Alsfeld		86.475	
Alb-Donau-Kreis		85.235	87.175
Altenburg	84.515		85.295
Altenkirchen		86,875	85.155
Altötting		86.475	85.175
Alzey	85.795 86.215 84.575	86.415	84.215 75.415
Amberg	85.665 85.775 86.175	85.315	75.515
Annaberg		86.375	85.335
Angelburg			85.275
Angermünde		86.315	
Ansbach		86.315	85.215
Apolda		85.175	85.175
Arnstadt		85.295	85.295
Artern			85.155
Aschaffenburg	85.495 85.755	85.215 86.875	75.415 85.215
Aschersleben		86.335	85.275

Ort	Polizei	Feuerwehr	Rettung
Appenweiler		86.495	
Aue		87.115	
Auerbach		87.1351	85.295
Augsburg	85.695 85.535 86.115 85.815	86.335 86.475	85.255 85.335
Aurich	85.515 85.575 85.675	85.115	75.355 85.175
Bad Doberan		86.415	
Bad Dürkheim	84.535	86.555	85.255
Bad Freienwalde		86.875	
Bad Hersfeld	86.015 86.035	86.455	85.235
Bad Homburg	86.155	87.055	
Bad Kissingen	85.395	87.175	84.115 85.195
Bad Kreuznach	85.415 85.615		85.275
Bad Langensalza		87.215	85.195 86.995
Bad Oldesloe	85.959		84.255
Bad Peterstal		86.495	
Bad Salzungen	87.255	86.335	86.335
Bad Segeberg	86.815 86.915	86.375	85.155
Bad Tölz	85.435 85.575	86.475	85.215 85.335
Bad Wildungen		86.115	
Bad Zwischenahrn		85.255	
Baden Baden	85.815 86.075	86.315	86.175
Balingen	84.435 84.575 85.435	86.375	85.155
Bamberg	85.515 85.895 85.915	87.235	85.175 85.255
Barnim		86.375	86.375
Bautzen	85.455 85.815	86.415	85.235 78.195
Bayreuth	85.415 85.615		85.155
Beeskow			85.355
Bergen		86.035	
Bergisch Gladbach		86.495	
Berlin Nord	85.775		
Berlin West	85.715 86.015		
Berlin Mitte	86.615		
Berlin Südwest	86.555 86.275		
Berlin Süd	86.475 86.575		
Berlin Südost	86.215		
Berlin Nordost	86.055		
Berlin		85.275 85.315 85.335	85.295 85.155
Berchtesgaden		86.435	85.175 85.195
Bergstraße	85.935		86.915 87.155
Bernburg		86.435	86.435
Bernkastel		86.335 86.495	85.275
Biberach	85.535 86.135	86.735 86.855	86.575
Bielefeld	85.655 85.815	86.415	
Bingen	85.195 85.735 85.835	86.315 86.595	85.235
Birkenfeld	85.215	86.335 86.455	85.235
Bischofswerda		87.195	
Bitburg	86.175	87.015	85.21585.225
Bitterfeld	85.855	86.355	86.355
Böblingen	86.115 86.255 84.575	86.335	86.675
Böhl			85.215
Bochhold	85.935	86.135	86.135
Bochum	85.315 85.455 5.815	86.435	
Bonn	85.635		85.915
Borken	85.935 86.035	86.315	86.315 86.135
Bottrop		86.375	
Brake			85.155
Brakel		86.335	
Brandenburg	85.535	87.135	86.335
Braunschweig	85.395 86.035 86.255	86.195 85.315 86.935	85.315 85.335
Breisgau	85.555 85.775 86.115	86.475 87.235	75.475 85.275

Ort	Polizei	Feuerwehr	Rettung
Bremen	86.035	86.315 86.375 86.455	86.335
Bremerhaven	86.035	86.455	85.255 86.395
Bruchsal		86.375	
Bühl		86.315	86.175
Bühren-Ahden			86.435
Bützow			86.335
Burg		84.255	
Calau			85.195
Calw	84.235	85.315	86.175
Celle	84.235 85.595 85.715 85.855	86.215	85.155 85.175
Chemnitz	85.395 85.615	86.355	87.235
Clausen		85.215	
Cochem		86.375 87.115	85.235
Cloppenburg	85.755	86.395	85.295
Coburg	86.355 85.435	86.455	84.055 85.175
Coesfeld	86.055	86.355	86.335
Contwig			85.215
Cottbus	84.575 85.475	86.475	85.255
Cuxhaven	85.935 86.055	86.335 86.495	85.155 85.255
Dachau	85.875	86.495	85.315
Darmstadt	86.255 85.335	87.115	85.335 85.395
Daun	86.095	85.335 86.235	85.155
Deggendorf		86.475	85.195 85.215
Delitzsch		87.195	85.175
Delmenhorst	85.415 85.755 86.175 86.215	86.395	
Dessau	85.655 85.875	85.255 87.115	87.115
Detmold	85.615 85.795 86.155		86.235
Dieburg		86.955	
Dippsch		86.315	85.215
Diepholz	85.695 86.295	86.355 86.435	85.255 86.435
Dillingen	85.455 85.855	86.335 86.395	84.175 85.255
Dingolfing	86.555	86.435	84.115 86.235
Dippoldiswalde			85.295
Dithmarschen	85.235	86.315 86.455	85.275
Döbeln		87.215	85.195
Donnersberg	85.795	86.415	85.175 85.295
Dortmund	85.575 86.175	86.415 86.895	86.895 86.195
Dreienberg			85.235
Dresden	85.495 85.695	86.475	85.275 86.075
Duisburg	86.095 85.495	86.415 86.995	85.335 86.995
Düsseldorf	84.035 84.675 85.675 85.935	86.475	85.275
Düsseldorf	84.055 84.075 84.135 84.215		
Düren	85.815	86.335	85.335
Eilenburg			87.195
Eisleben	85.355 85.395 85.555 85.575	86.355	86.495
Eisenberg/Thü.		84.175	85.315 86.995
Eisenach		86.215	85.315
Elbe-Elster-Kreis		86.335 86.495	86.335 86.495
Emden	85.575 85.675	86.375	85.275
Emmendingen	86.215	86.435	85.175
Ennepetal	85.775 86.135	86.375	86.375
Enz Kreis		86.455	85.475 86.575
Erbach		86.935	
Erding	85.915	86.355	85.235
Erfurt	85.075 85.495	86.835 86.415	86.415
Erlangen	85.495 86.255	86.335	85.235 85.295
Erkelenz			86.415
Eschwege		85.235	86.855
Essen	85.655 84.635 85.615	86.455	85.335
Esslingen	86.115 85.635 84.095	86.355	85.255

Ort	Polizei	Feuerwehr	Rettung
Ettlingen		86.375	86.355
Euskirchen	86.015 86.275	86.375	85.335
Eutin	85.675		86.355
Flensburg	85.635 85.715	86.355	85.295
Forst		86.315	
Frankenberg		87.155	
Frankenthal	85.715	86.555 86.535 86.595	85.235
Frankfurt Main	85.575 85.615 86.295 86.675	86.375	85.175 85.275
Frankfurt Oder	84.555 85.375	85.275	85.275
Freiburg	85.555 85.775 86.115	86.475	85.275
Freiberg	86.215	86.975	85.155
Freudenstadt	85.515	86.475	85.155 86.555
Friedberg		87.235	
Friedrichshafen	86.055 85.215	86.335	85.295
Friedrichsh. WSP	86.675		
Fulda	84.07586.015	86.495	
Fürstenfeldbruck	85.375 85.875	86.495	85.315
Fürth	86.055	86.455	85.235 85.295
Gaggenau		86.315	
Ganderkesee		85.355	
Gardelegen		86.815	86.815
Garmisch Partenkirchen		86.395	85.215
Germersheim	85.675	86.395	
Gelsenkirchen	85.815 86.295	86.475	86.855
Genthin	85.815	85.215	
Gernsbach		86.315	
Gera	84.515 85.695	86.315	86.815
Gerolstein		86.335	
Genthin		85.215	
Gießen	85.375 85.635 85.815	86.395 87.075	84.155
Gifhorn	85.695 86.275	86.355	85.155
Glauchau		86.075	
Göppingen	85.395 85.415 85.495 85.735	86.435	85.175
Göttingen	85.415 85.595 85.695 85.835	86.435 86.355	86.355 86.375
Görlitz	85.455 85.635 85.815	86.375 86.455	85.155 85.335
Goslar	85.355 85.475 85.455 85.495	86.315	85.335
Gotha	84.015 85.555	85.275	85.275
Gräfenhainichen			85.155
Greifswald		87.215	86.915
Grevesmühlen			85.335
Grünstadt	84.535	86.555	
Greiz		85.195	85.195
Grimma	85.675 86.115	86.415	85.235
Gronau	85.935	86.135	86.135
Groß Gerau	86.135		86.335
Güstrow		85.235	87.215
Gütersloh		86.435	86.435
Günzburg		86.315	85.095
Gummersbach	85.475 86.075 86.175	86.315	
Hagen	84.215 85.835	86.455	85.275
Hainichen		86.795	
Halberstadt	85.675 85.835	86.815	
Haldersleben		86.395	
Halle	85.515 85.435 85.735	86.375	85.335
Hamburg	85.375 85.415 85.435 85.495	86.335 86.395 86.475	85.275 86.355
Hamburg	85.515 85.575 85.615 85.775		
Hameln	85.395 86.095 86.155 86.635	86.435 86.455	85.435
Hamm	86.075 86.095	86.315	86.815
Hammelburg		86.315	
Hanau	85.475	86.995	

Ort	Polizei	Feuerwehr	Rettung
Hannover	85.325 85.335 85.935 86.135	86.475	84.455
Hannover	85.675 85.715 85.775 85.795		
Hauenstein		85.215	
Havelberg		86.375	
Havelland		85.295 87.195	85.295 87.195
Heide		85.275	
Heidelberg	86.615 85.455	86.435 86.355	86.175
Heidenheim	84.075 85.395 86.655	87.155	85.275
Heilbronn	85.755 86.095 85.595	86.955 87.235	84.255 86.675
Heiligenstadt		85.295	84.355
Herford	85.535 85.635	86.375	86.815
Helmstett	86.115		
Hermeskeil		86.315 86.335	85.275
Hermsdorf		85.315	
Herne		86.335	
Herzberg		85.215	
Hettstedt		86.335	
Hiddenhausen		86.375	
Hildburghausen		87.215	
Hildesheim	85.355 85.375 85.455 85.595	86.375	84.335
Hohenlohkreis		85.195	86.675
Hof	85.455 85.675	86.325 86.815	85.355
Hofheim		87.135	
Hohekanzel		86.395	
Hohenmölsen		87.115	
Holzminden	85.455 85.595	86.435	
Homburg Saar		86.455	85.235
Hornbach		86.215	
Hoyerswerda		87.175	86.235
Hürth		87.055	
Husum	85.675 86.195	85.155	
Idar Oberstein		85.295	
Ingolstadt	85.515	86.395	85.195
Ilmenau		85.295	85.295
Itzehoe	85.455 85.535 85.795	85.295	
Jena	86.055 86.275 86.295	86.335	86.335
Jessen		85.235	
Jever		85.235	
Käshofen		85.215	
Kaiserslautern	85.635 87.235	86.335	85.395
Kaiserslautern Land	87.235	86.315	85.395
Kamenz		87.195	86.215
Karlsruhe	85.015 85.355	86.415 86.375	86.995
Kassel	84.155 84.195 84.455	87.035	85.235 85.395
Kaufbeuren		86.335	86.195 85.255
Kehl		86.495	
Kempten	85.495 85.755 85.715 86.175	86.195 86.455	85.335
Kiel	85.655 85.715 85.215	86.455	86.355
Kirchheimbolanden		86.415	
Kleve	85.915	86.335	85.155
Klötze		85.235	
Koblenz	86.115	86.355 86.395	84.115 85.175
Köln	84.595 86.135 86.035 86.215	86.455	85.255
Köthen		86.415	86.415
Konstanz	85.595 86.555	86.335	87.135
Korbach	84.035 85.935 86.035	86.955	
Krefeld	85.875	86.435 86.475	85.155
Kröv		86.335	
Kusel		85.215 86.375	
Lahr		86.555	

Ort	Polizei	Feuerwehr	Rettung
Landau	85.675 85.875	86.395	85.175
Landeck		85.215	
Landshut	85.535 85.675	86.455	86.235
Landstuhl		86.315	85.395
Leer	85.675	86.475	85.195
Leibzig	85.635 85.775 86.275	85.255 86.455	85.255 86.155
Lemberg		85.215	
Leonberg		86.335	85.175
Leutkirch		86.435	
Leverkusen	86.095	85.375 86.375	
Limburg	85.535	86.795 86.815	86.815
Lindau		86.475	85.335
Lingen	85.395 85.515 85.915 86.075		
Löbau		86.455	85.155
Lörrach	84.075	86.235	87.175
Lübbecke		86.815	
Lübben		86.495	
Lübeck	85.235 85.475	86.455	
Luckau		86.415	
Lüdenscheid	85.755 85.875	86.475	
Ludwigsburg	85.555 85.575 85.515 84.095	86.495	86.675
Ludwigshafen	85.675 85.715	86.355 86.475 87.215	85.255
Ludwigshafen BASF		86.475	
Ludwigslust		85.315	86.475
Lüneburg	85.355 85.935	86.435	85.215
Main-Tauber-Kreis		86.315	85.255
Mainz	85.435 85.735 85.835 85.875	86.315	85.155 85.235
Magdeburg	85.375 85.615 85.295	86.415	85.315
Manderscheid		86.315	
Mannheim	84.575 85.855	86.195	86.835
Marburg	84.235	86.355	86.415
Marienberg		86.495	85.175
Mayen	85.455 85.395 85.515	86.395	85.295
Mecklenburg		86.455 85.295	86.455 85.335
Meisen		86.815	
Memmingen		86.495	86.295 86.435
Meppen		85.255	
Merseburg	85.455 85.495 86.015	86.815	85.175 85.215
Merzig	85.535 85.735		85.155 86.395
Meschede	86.995	86.395	
Mettmann	85.735 86.295	86.315	85.175
Miesau		86.315	
Mittweida		86.355	86.195
Mönchengladb.	85.835 85.495	86.355	85.275
Montabaur	85.395 85.515 85.895		85.275
Mosbach		86.835	
Mühlheim	85.435	86.355	86.335
München	85.355 85.595 85.715 86.075	86.375 86.415 86.455	85.155 85.295
München	86.255 85.335 86.155 85.615	86.315	84.555 86.235
Münster	85.675 84.635	86.495	85.215
Müritz		86.335	86.335
Mutterstadt			85.235
Nauen		87.195	
Nauemburg		86.435 86.475 86.855	87.115
Neubrandenburg	85.495 85.615 85.675	86.355	86.355
Neumünster	86.155 85.795 85.935	86.495	85.275
Neunkirchen Saar	85.695	86.355	86.575
Neuss	85.895 85.935	86.395	85.275
Neustadt Weinstraße	84.535	85.235 86.395	85.255
Neu-Ulm		86.455	85.195 86.975

Ort	Polizei	Feuerwehr	Rettung
Neuwied	85.455 85.515 86.115	86.495	85.295 86.475
Nienburg	86.695 85.935 86.295	86.495	85.175
Nördlingen		86.455	
Norden			85.175
Norderstedt			85.155
Nordhausen	84.455 86.095	87.215	87.215
Nordhorn	86.075	86.475	86.475
Northeim	85.415 85.595 85.695	86.475	85.155
Nürnberg	85.595 85.875	86.355 86.395 86.435	85.235 86.195
Nürtingen		85.255 86.335	
Oberhausen	85.635 86.275	86.495	85.335 86.755
Oberhavel		86.175 86.855	87.115
Oberspreewald-Lausitz		85.195 86.895	86.895 85.195
Ostprignitz		86.195 86.835	87.175
Oberkirch		86.495	
Oder-Spreewald		85.335	85.335
Öhringen		86.675	
Oelsnitz		85.295	85.295
Offenbach	85.415 85.595	85.275 87.095 86.435	85.235
Offenburg	84.315	86.575 86.555	
Oldenburg	84.075 85.835 86.175 85.755	86.415 86.375	85.275 85.335
Olpe	85.755 86.015	86.435 86.895	85.315
Oppenau		86.495	
Oranienburg	84.535 85.455	87.115	
Ortenaukreis		86.495	86.575
Oschersleben		87.115 86.495	
Osnabrück	86.115 86.135 86.195 84.115	86.395 86.475	85.155 85.275
Ostallgäu		86.335	86.195 86.595
Ostalbkreis		85.235	84.255 86.915
Osterburg		86.335	
Osterholz	85.555 86.855	86.475	86.835
Osterode	85.355 85.475 85.575	86.395	85.295
Ottweiler		86.355	
Padaborn	85.355 86.295 85.915	86.435	85.255
Parchim		86.395	85.195
Passau	85.355 85.475 86.035 86.115	86.335	85.235
Pasewalk		86.395	86.315
Peine			85.295
Perl			85.155
Pfaffenhofen		86.435	85.195
Pforzheim		86.575	
Pirna	85.435 85.935	86.355	85.215
Pinneberg	85.695 86.115	86.415	85.255
Pirmasens	85.675	86.535 85.215 85.275	85.295
Plauen			85.295
Plön	85.195 86.635	86.395	86.955
Potsdam	84.235 85.535 84.075	87.135 87.155 87.175	86.415 86.935
Prenzlau		86.475	
Prignitz		86.495	85.255
Prüm			85.215
Ratzeburg	86.275		85.255
Rastatt	86.075	86.175 86.315	
Ravensburg	85.215 87.255	86.395	85.175
Recklinghausen	85.635	86.395	85.255
Regensburg	85.535 85.675 85.775	86.335 86.415	86.215
Remscheid		86.335	
Rems-Murr-Kreis		86.395	85.175
Rensburg	85.395 86.895	86.215	86.215
Reutlingen	85.835 86.195	86.415	85.275
Rheinböllen		86.475	

Ort	Polizei	Feuerwehr	Rettung
Rhein Hunsrückkreis	85.415	86.475	85.175
Riesa	84.335 85.655	86.795	85.195
Rimberg		86.435	85.215
Rockenhausen		86.415	
Ronnenberg			85.215
Rosenheim	85.895	86.815	85.275
Roslau			86.495
Rostock	85.235 85.515	86.075	85.215
Rothenburg Fulda			85.235
Roth		86.375	86.195
Rottweil	85.475	86.395	86.575
Rudolstadt		86.175	86.475
Rügen		85.195	86.035
Saalfeld	84.295 85.375	86.475	
Sangerhausen		87.115	86.975
Saarbrücken	85.575 86.155	86.415	86.875 86.375
Saarburg		86.755	84.555
Saarlouis	85.535 85.735	86.335	86.575
Salzgitter	85.475 85.915 86.015		
Salzwedel		86.435	
Schleiz		86.495	
Schleswig	86.115 86.275	87.075	
Schönebeck		86.315	87.115
Schiffenberg			85.235
Schifferstadt			85.235
Sigmaringen			85.195
Schleitz		86.195	86.495
Schmalkalden		86.335	85.215
Schmölln		86.875 85.295	86.875
Schönebeck	85.414	86.315	
Schwabach	85.695 85.815	86.375	86.235
Schwäbisch-Hall	85.655 86.075 86.295	86.155	84.115
Schwalm Eder	84.455 85.935		85.315
Schwalmstadt		85.155	
Schwarzenberg		87.115	86.835
Schweinfurt	85.395 85.835	86.375	85.335
Schwelm	86.135 86.255	86.375	
Schwerin	85.755 85.175	85.275	86.875
Siegburg	84.315 86.155	86.355	
Siegen	86.095 86.175	86.375	85.255
Sigmaringen	85.835 86.035	86.235	87.195
Simmerath		86.435	
Simmern		86.475	
Sindelfingen		86.675	
Sobernheim		86.875	
Soest	85.715 85.735	86.335	
Solingen	85.575	86.415	85.175
Soltau	85.595 85.715	86.375	85.255
Sondershausen		85.315	85.115
Sonneberg		86.915	86.915
Speyer		86.555	85.235
Spree-Neiß		85.355 86.475	85.275 86.315
St. Goarshausen			85.175
St. Ingbert		85.235 86.455	
St. Wendel	85.695	86.495	86.575
Stade	85.555 85.595 85.635 85.935	85.655 86.435	85.655
Stadthagen		84.255	
Staßfurt	86.275	86.315 85.235	
Steinfurt	86.095 86.015 86.215	86.435	86.435
Stendal	85.635 85.685 85.755 85.775	86.335	86.315

Ort	Polizei	Feuerwehr	Rettung
Stockheim		86.335	
Stollberg		86.215 86.335	86.575
Straubing	85.455 86.275	86.395	85.195
Straußberg		84.555	
Stralsund	85.275 85.755 85.775	86.315	85.295
Stuttgart	85.615 85.775 86,015 86.135	86.335 86.475	85.295
Suhl	85.735 86.235	86.395	86.395
Tangerhütte	86.035		
Tauberbischofsheim	84.315 85.515	86.315	85.255
Teltow-Fläming		86.895 87.095	86.815 86.895
Torgau	85.775 85.355	86.355	86.175
Traunstein	85.835	86.355	85.175
Trier	85.375 86.035	86.315	84.555 85.235
Tübingen	85.215	85.275	
Tuttlingen	85.895	87.055	85.275
Uckermark		86.355	86.475 86.315
Uelzen	84.315 85.355	86.315	85.275
Ulm	84.535 85.555	86.575	
Unterallgäu		86.495	85.195 86.975
Unna	85.595	86.335	
Vechta	86.115 86.135	86.335	85.175
Verden	84.475 85.355 85.555 85.595	86.395	85.155
Viersen	86.015	86.375	85.275
Villingen-Schwenningen	85.655 86.155	87.015	87.215
Völklingen		86.475	
Waiblingen		87.175	
Waldfischbach			85.215
Waldshut	85.315 85.675 85.775	86.375	86.575 87.175
Walldorf		86.615	
Wanzleben		86.495	
Warendorf	86.035 86.155	86.455	86.455
Wehrshäuserhöhe		85.175 85.235 86.395	
Weiden	85.835 85.555	86.975	
Weimar		86.375 85.175	86.375 85.175
Weinheim		86.435	
Weißenfels		86.335 86.395 87.075	86.175 86.395
Weißwasser			85.335
Weringerode	85.675	86.455	
Wesel	86.155 86.295	86.535	85.115
Westerwaldkreis		86.455 86.495	
Wetzlar		85.335 86.315	
Wiesbaden	84.055 86.035 86.275	86.495 86.355	86.495
Wilhelmshafen	85.455 85.755 86.255	86.315	85.175
Winsen			85.235
Wismar		86.075	86.215
Witten		86.375	
Wittenberg	85.475 85.855	86.475	85.235
Wittlich	85.375 86.175	85.235 86.335	
Wittmund		87.215	85.215
Wört		86.875	
Wolfenbüttel	85.475 86.015	86.375	85.175
Wolfsburg	85.695 86.115 85.675	86.335	85.195
Wolmirstedt			86.475
Worms	85.795 86.055 86.235	86.895	84.155
Wuppertal	85.575 85.695 86.175	86.235	85.175
Würzburg	85.535 85.715	86.455	86.235
Zeitz		87.115	
Zerbst		86.835	86.835
Zeven		84.175	
Ziesar	85.495 85.775		

Ort	Polizei	Feuerwehr	Rettung
Zittau		86.455	85.255
Zollernalbkreis		86.375	85.155
Zweibrücken		86.395 86.475	85.215
Zwickau	85.535 85.575	86.075 86.875	85.315 85.335

Das zugehörige Unterband finden sie in der Frequenzübersicht des 4m-Bandes in diesem Buch. Um diese Liste ständig zu erneuern, bitten wir unsere Leser um Zusendung aktueller Frequenzänderungen, -ergänzungen an folgende Adresse:

Joachim Bergfeld, Mühlstraße 35, 66981 Münchweiler

4.6 Statusmeldungen im Rettungsdienst

Im Rettungsdienst werden folgende Statusmeldungen verwendet:

1 einsatzbereit am Funk

2 einsatzbereit auf der Wache

3 Auftrag übernommen

4 Einsatzstelle außerhalb

5 Sprechwunsch

6 nicht einsatzbereit

7 Patient aufgenommen

8 Zielort außerhalb

9 verstanden

0 Notfall

Diese Statusmeldungen werden mit den jeweiligen Fahrzeugkennungen an die Einsatzleitstelle weitergegeben. Die Leitstelle bestätigt diese Meldungen mit Angabe der Uhrzeiten. Diese Angaben werden in das Tagebuch der Leitstelle eingetragen. Somit können später die Hilfszeiten der jeweiligen Fahrzeuge und Einsatzkräfte nachgewiesen werden.

Zum Beispiel bedeutet der Funkspruch von einem Rettungswagen :

"1/83/1 S-4"
1 — Rettungswachennummer
83 — Rettungswagen
1 — Rettungswagennummer
S — Status
4 — am Einsatzort angekommen, Besatzung verläßt das KFZ und ist über Sprechfunk nicht erreichbar.

5 Autotelefonnetze

5.1 Allgemeines

Zu Beginn der 70er Jahre wurde das B-Netz installiert, das erstmals automatische Wählverbindungen ermöglichte. Allerdings mußte man wissen, wo sich das Auto gerade befand, wenn man ein Autotelefon anwählen wollte.

Diese Einschränkung fällt beim C-Netz weg. Dieses Netz hat zur Zeit die meisten Teilnehmer (ca. 800 000) und wird mindestens bis zum Jahr 2000 noch eine entscheidende Rolle spielen.

Gänzlich neue Wege beschritt man mit der Einführung des D-Netzes. Zum einen arbeitet dieses Netz nicht mehr analog, sondern digital, zum andern ist hier erstmals neben der Bundespost (Telekom) ein privater Netzbetreiber (Mannesmann) zugelassen.

Es versteht sich von selbst, daß ein Abhören der Autotelefone mit einem Scanner nicht erlaubt ist, da hierbei das Telefongeheimnis verletzt wird. Technisch möglich ist das Abhören beim B-Netz, da dieses die Sprache unverschlüsselt überträgt. Ein Abhören des C-Netzes ist mit normalen Scannern nicht mehr möglich, da hier eine Sprachverschleierung eingebaut ist. Nur in seltenen Ausnahmefällen wird im C-Netz die Sprache unverschleiert übertragen. Im D-Netz schließlich kann die digitalisierte Sprache noch besser verschlüsselt werden.

Wer sich für Entschlüßler interessiert, findet Schaltungsvorschläge in den Büchern „Minispione, Band 6 und Band 7" vom Beam-Verlag, Marburg, Tel. 06421/64026.

5.2 Das B-Netz

Das B-Netz verfügt über zwei Frequenzbereiche, die mit B bzw. B2 bezeichnet werden. Für jeden Bereich gibt es ein Unterband und ein Oberband, damit ein Vollduplex-Betrieb möglich ist. Der Bandabstand beträgt 4.6 MHz, das Kanalraster 20 KHz.

B-Netz:

Unterband:	148.400 MHz bis 149.180 MHz
Oberband:	153.000 MHz bis 153.780 MHz

B2-Netz:

Unterband:	157.600 MHz bis 158.340 MHz
Oberband:	162.200 MHz bis 162.940 MHz

Der Sender des Autotelefons arbeitet im Unterband, der Empfänger im Oberband. Entsprechend arbeitet der Sender der Feststation im Oberband und dessen Empfänger im Unterband. Die Oberbandsender der Feststationen strahlen ständig einen modulierten Träger ab, so daß diese Frequenzen zum Scannen nicht geeignet sind, da der Scanner bei jedem Durchlauf stehenbleiben würde.

5.3 Das C-Netz

Für das C-Netz sind folgende Bereiche festgelegt:

Unterband:	451.300 MHz bis 455.740 MHz
Oberband:	461.300 MHz bis 465.740 MHz

Wie Sie leicht ausrechnen können, beträgt der Frequenzabstand zwischen beiden Bändern exakt 10 MHz. Der Kanalabstand betrug ursprünglich 20 KHz; daraus ergeben sich jeweils 222 Kanäle fürs Unter- und fürs Oberband. Im Jahr 1992 hat man den Kanalabstand auf 12,5 KHz reduziert, so daß die Kapazität des Netzes nochmals erweitert werden konnte.

5.4 Das D-Netz

Zu Beginn der 90er Jahre begann man, das D-Netz aufzubauen. Dieses ist Teil eines europaweiten Funknetzes nach dem *GSM-Standard* (GSM = Global System for Mobile Communication = Globales System für die mobile Kommunikation). Das Netz arbeitet — im Gegensatz zu allen seinen Vorgängern — nicht mehr analog, sondern *digital*. Ferner kann man parallel auch *Daten* übertragen, denn Daten sind ja auch nichts anderes als Bitfolgen. Dadurch eröffnen sich neue Perspektiven der mobilen Datenübertragung. Auch bietet das digitale Verfahren eine deutlich bessere Sprachqualität, weil man schädliche Störeinflüsse besser herausfiltern kann.

Das D-Netz muß natürlich genau wie seine Vorgänger im Vollduplex-Betrieb arbeiten. Folgende Frequenzbereiche sind reserviert:

Unterband:	890.000 MHz bis 915.000 MHz
Oberband:	935.000 MHz bis 950.000 MHz

Der Frequenzabstand beider Bänder beträgt also 45 MHz. Im Unterband senden die mobilen Stationen, im Oberband die Feststationen. Der Empfang ist umgekehrt.

Das D-Netz ist in 124 Kanäle mit jeweils 200 KHz eingeteilt. Die Übertragung erfolgt jedoch im sog. *Zeitmultiplexverfahren*. Das bedeutet, daß jedem Teilnehmer eine sehr kurze Zeitscheibe von wenigen Milli-Sekunden zugewiesen wird, in welcher ein digitaler Teil seines Gesprächs übertragen wird. Danach folgt die Zeitscheibe des nächsten Teilnehmers. Insgesamt werden so acht Teilnehmer zeitlich ineinander geschachtelt und auf einem einzigen Funkkanal übertragen. Daraus ergeben sich 124 * 8 = 992 nutzbare Kanäle.

Genau genommen gibt es zwei D-Netze: *Dl und D2*. Das Dl-Netz wird von der Telekom betrieben, das D2-Netz von dem privaten Betreiber Mannesmann. Zu Beginn des Jahres 1993 sind alle Ballungsgebiete und alle wichtigen Autobahntrassen über das Dl-Netz erreichbar. Die Flächendeckung wird jedoch erst Ende 1994 gegeben sein.

Die Mannesmann Mobilfunk GmbH betreibt das D2-Netz. Mitte 1991 begann der Betrieb in einigen wichtigen Ballungszentren. Mitte 1992 waren die wichtigsten Autobahntrassen abgedeckt. Bis Ende 1994 sollen 85 % der Fläche Deutschlands versorgt sein.

5.5 Das E-Netz

Mit der Einführung des D2 Netzes bekam die Post im Bereich der Telefontechnik zum ersten Mal richtige Konkurrenz. Die Privatanbieter faßten schnell Fuß auf dem Gebiet des Mobilfunknetzes. Doch preislich paßten sich die Privaten schnell an das Postniveau an. Das E-Netz soll mit seinen billigen Tarifen die Preise drücken.

Als erster Schritt wurde im Mai 94 das Berliner Netz aktiviert. Mit 150 Basisstationen wurde der Betrieb aufgenommen. Leipzig sollte sehr schnell folgen. Bis Ende 1994 sollen bereits 30 Prozent der deutschen Bevölkerung Zugriff auf das E-Netz haben. Im Endstadium soll das System 5000 — 6000 Basisstationen aufweisen.

Der Betriebsbereich von 1800 MHz in DCS Technik ist zukunftsweisend Somit werden von Anfang an alle Übergänge zu den Fest- und Mobilfunknetzen geschaffen, und das nicht nur in Deutschland, sondern weltweit.

Hinweis:
Für weitere Informationen über Mobilfunknetze hält der Franzis Verlag unter „ Signalisierungs- und Meßverfahren im modernen Mobilfunk“ von Gabler Krammling ISBN 3-7723-4951-X, ein technisches Fachbuch für Sie bereit.

Frequenzbelegung E-Plus 1710 MHz - 1880 MHz

6 Amateurfunk / CB-Funk

6.1 Allgemeines

Der Amateurfunk ist ein weit verbreitetes Hobby. Die Teilnahmevoraussetzungen sind: 18 Jahre, keine Vorstrafen und die erfolgreiche Ablegung einer Prüfung. Auf Grund einer Allgemeinen Empfangsgenehmigung darf der Amateurfunk von jedermann abgehört werden.

Den Amateurfunkern sind weltweit zahlreiche Frequenzbänder zugewiesen. Im Gegensatz hierzu steht dem CB-Funk nur ein sehr geringer Frequenzbereich zur Verfügung. Unsere Frequenzliste beginnt bei 27 MHz. In diesem Bereich befindet sich der CB-Funk von 26.965 — 27.405 MHz. Diese 40 Kanäle werden in FM moduliert. Weiterhin steht der Bereich von 27.005 — 27.135 MHz in AM zur Verfügung.

Die Amateurfunkbereiche, die in diesem Buch erfaßt sind:

10 m Band	28.000 —	29.700 MHz
2 m Band	144.000 —	146.000 MHz
70 cm Band	430.000	440.000 MHz
23 cm Band	1240.000 —	1300.000 MHz
11 cm Band	2320.000 —	2450.000 MHz
5 cm Band	5650.000 —	5850.000 MHz

Weitere Amateurfunkbereiche liegen oberhalb von 10 GHz und darüber hinaus.

Auf den Amateurfunkbändern wird in fast allen Übertragungsverfahren gearbeitet. Finden wir unterhalb 30 MHz viele Amateurfunker im SSB-Betrieb, so wird im UKW-Bereich hauptsächlich die FM-Übertragungen benutzt.

Dabei erhöhen Amateurfunkrelais wesentlich die Reichweite. Die Empfangsfrequenzen der Relais liegen im 2 m-Band 600 KHz und im 70 cm-Band 7,6 MHz tiefer als die Sendefrequenz.

Das Kanalraster beträgt allgemein 12,5 KHz. Hören wir kurze „Quäktöne“ auf einer Amateurfunkfrequenz, so könnte es sich um eine Packet-Radiostation handeln. Für die Decodierung solcher Signale benötigen wir ein Modem oder einen TNC, welcher die Signale auf einem Computermonitor sichtbar macht.

6.2 Frequenzliste der Amateurfunkrelaisstellen

Die folgende Liste enthält alle Relaisstellen des Amateurfunks in Deutschland (Quelle: DARC). Die verwendeten Abkürzungen haben folgende Bedeutung:

KAN	Kanalbezeichnung (siehe weiter unten)	
RELAIS	Rufzeichen des Relais	
STANDORT	Standortangabe	
LOC	Locator (Standortkoordinaten)	
BEMERK	F = Formular fuer Relaisantrag angefordert	) nur bei
	A = Antrag liegt vor	) DL-Relais,
	0 = Antrag an OPD / FTZ weitergegeben	) sonst:
	R = Rufzeichenrueckmeldung der OPD liegt vor	) Hoehe ueber NN
	* = (noch) nicht in Betrieb	
	% = Kanal entspricht nicht (mehr) dem IARU-Bandplan!	
VERANTW	Rufzeichen des Verantwortlichen	
BAPT	Bundesamt für Post und Telekommunikation	
DISTR	Distriktverwaltung	

Kurzwellen-Relaisfunkstellen (nur 10 m):

KW1 = 29.560 – 29.660 MHz (FM)	KW2 = 29.570 – 29.670 MHz (FM)
KW3 = 29.580 – 29.680 MHz (FM)	KW4 = 29.590 – 29.690 MHz (FM)

Kurzwellen-Digipeater (10 m, keine Netzanbindung):

KWD1 = 29.210 – 29.270 MHz	KWD2 = 29.220 – 29.280 MHz
KWD3 = 29.230 – 29.290 MHz	

RTTY-Mailboxen auf 2 m und auf 70 cm:

MB2 = 145.300 MHz (FM)	MB7 = 433.600 MHz (FM)

Packet-Radio-Frequenzen (BBS = Mailbox, DIGI = Digipeater):

PR21 = 144.625 / 432.675 MHz % PR22 = 144.650 MHz %
PR23 = 144.675 / 432.675 MHz % S 9 = 145.225 MHz % (nur in LA)

PR31 = 433.625 MHz % PR32 = 433.650 MHz %
PR33 = 433.675 MHz % PR34 = 433.700 MHz %
PR35 = 433.725 MHz % PR36 = 433.750 MHz %
PR37 = 433.775 MHz %
PR-- = kein Benutzerzugang PR45 = 438.025 MHz
PR46 = 438.050 MHz PR47 = 438.075 MHz
PR48 = 438.100 MHz PR49 = 438.125 MHz
PR50 = 438.150 MHz PR51 = 438.175 MHz
PR52 = 430.600 — 438.200 MHz 1) PR53 = 430.625 — 438.225 MHz 1)in DL/PA nur
PR54 = 430.650 – 438.250 MHz PR55 = 430.675 – 438.275 MHz 1) simplex!
PR56 = 430.700 – 438.300 MHz 2) PR57 = 430.725 – 438.325 MHz 2) in PA nur
PR58 = 430.750 – 438.350 MHz 2) PR59 = 430.775 – 438.375 MHz 2) simplex!
PR60 = 430.800 – 438.400 MHz 2) PR61 = 430.825 – 438.425 MHz
PR62 = 430.850 – 438.450 MHz PR63 = 430.875 – 438.475 MHz
PR64 = 430.900 – 438.500 MHz PR65 = 430.925 – 438.525 MHz

1) in DL: PR52...PR55 auch im Oberband simplex als PR52+ ... PR55+

KANALPLAN (BASIS = IARU – REGION – 1 – BANDPLAN TORREMOLINOS 1990)

FM-Relaisfunkstellen:

R0 = 145.0000 – 145.6000 MHz R1 = 145.0250 – 145.6250 MHz
R2 = 145.0500 – 145.6500 MHz R3 = 145.0750 – 145.6750 MHz
R4 = 145.1000 – 145.7000 MHz R5 = 145.1250 – 145.7250 MHz
R6 = 145.1500 – 145.7500 MHz R7 = 145.1750 – 145.7750 MHz
Relais auf X-Kanaelen arbeiten mit einem Frequenz-OFFSET von +12.5 kHz,
z. B. R0X = 145.0125 – 145.6125 MHz
R8 = 145.2000 – 145.8000 MHz %
R12% = 144.8250 – 145.4250 MHz %(F) R17 = 144.8250 – 145.4250 MHz %(OE)
R18 = 144.8500 – 145.4500 MHz %(OE) R19 = 144.8750 – 145.4750 MHz %(OE)
R8B% = 144.7250 – 145.3250 MHz %(F) R9B% = 144.7500 – 145.3500 MHz %(F)
R10% = 144.7750 – 145.3750 MHz %(F) R11% = 144.8000 – 145.4000 MHz %(F)

RTTY:

RT-% = 144.6375 – 145.9925 MHz %(DL) RT- = 144.6375 – 145.7375 MHz neu
RT % = 144.6400 – 145.9950 MHz %(DL) RT = 144.6400 – 145.7625 MHz neu
RT+% = 144.6425 – 145.9975 MHz %(DL) RT+ = 144.6425 – 145.7875 MHz neu
RT3% = 145.2500 – 144.6500 MHz %(OE) RT1% = 432.5950 – 144.5950 MHz %(OE)

R 66 = 430.950 – 438.550 MHz * R 67 = 430.975 – 438.575 MHz 1)
R 68 = 431.000 – 438.600 MHz 1) R 69 = 431.025 – 438.625 MHz 1)
R 70 = 431.050 – 438.650 MHz R 71 = 431.075 – 438.675 MHz
R 72 = 431.100 – 438.700 MHz R 73 = 431.125 – 438.725 MHz
R 74 = 431.150 – 438.750 MHz R 75 = 431.175 – 438.775 MHz
R 76 = 431.200 – 438.800 MHz R 77 = 431.225 – 438.825 MHz
R 78 = 431.250 – 438.850 MHz R 79 = 431.275 – 438.875 MHz
R 80 = 431.300 – 438.900 MHz R 81 = 431.325 – 438.925 MHz
R 82 = 431.350 – 438.950 MHz R 83 = 431.375 – 438.975 MHz
R 84 = 431.400 – 439.000 MHz R 85 = 431.425 – 439.025 MHz
R 86 = 431.450 – 439.050 MHz R 87 = 431.475 – 439.075 MHz
R 88 = 431.500 – 439.100 MHz R 89 = 431.525 – 439.125 MHz
R 90 = 431.550 – 439.150 MHz R 91 = 431.575 – 439.175 MHz
R 92 = 431.600 – 439.200 MHz R 93 = 431.625 – 439.225 MHz
R 94 = 431.650 – 439.250 MHz * R 95 = 431.675 – 439.275 MHz *
R 96 = 431.700 – 439.300 MHz * R 97 = 431.725 – 439.325 MHz
R 98 = 431.750 – 439.350 MHz R 99 = 431.775 – 439.375 MHz
R100 = 431.800 – 439.400 MHz R101 = 431.825 – 439.425 MHz
1) in DL: RTTY oder Multimode * = wird nur in Sonderfaellen vergeben

R 20 = 1293.150 – 1258.150 MHz R 21 = 1293.225 – 1258.225 MHz
R 22 = 1293.300 – 1258.300 MHz R 23 = 1293.375 – 1258.375 MHz
R 24 = 1293.450 – 1258.450 MHz R 25 = 1293.525 – 1258.525 MHz
R 26 = 1293.600 – 1258.600 MHz R 27 = 1293.675 – 1258.675 MHz
R 28 = 1293.750 – 1258.750 MHz R 29 = 1293.825 – 1258.825 MHz
R 30 = 1293.900 – 1258.900 MHz R 31 = 1293.975 – 1258.975 MHz
R 32 = 1294.050 – 1259.050 MHz R 33 = 1294.125 – 1259.125 MHz
R 34 = 1294.200 – 1259.200 MHz R 35 = 1294.275 – 1259.275 MHz
R 36 = 1294.350 – 1259.350 MHz R xxS = SONDERABLAGE TX: -28MHz (DL)

RM 1 = 1291.025 – 1297.025 MHz (IARU) RM 2 = 1291.050 – 1297.050 MHz (IARU)
bis
RM18 = 1291.450 – 1297.450 MHz (IARU) RM19 = 1291.475 – 1297.475 MHz (IARU)

R 12 = 2321.400 – 2366.400 MHz R 13 = 2321.450 – 2366.450 MHz
R 14 = 2321.500 – 2366.500 MHz

RG 3 = 10353.00 – 10383.00 MHz
KANALPLAN fuer neue 23cm-Relaisnorm (DL)

FM-Relaisfunkstellen 23 cm:

RS01 = 1270.025 – 1298.025 MHz *	RS01-= 1270.025 – 1242.025 MHz *
RS02 = 1270.050 – 1298.050 MHz *	RS02-= 1270.050 – 1242.050 MHz *
RS03 = 1270.075 – 1298.075 MHz *	RS03-= 1270.075 – 1242.075 MHz *
RS04 = 1270.100 – 1298.100 MHz *	RS04-= 1270.100 – 1242.100 MHz *
RS05 = 1270.125 – 1298.125 MHz *	RS05-= 1270.125 – 1242.125 MHz *
RS06 = 1270.150 – 1298.150 MHz *	RS06-= 1270.150 – 1242.150 MHz *
RS07 = 1270.175 – 1298.175 MHz *	RS07-= 1270.175 – 1242.175 MHz *
RS08 = 1270.200 – 1298.200 MHz	RS08-= 1270.200 – 1242.200 MHz
RS09 = 1270.225 – 1298.225 MHz	RS09-= 1270.225 – 1242.225 MHz
RS10 = 1270.250 – 1298.250 MHz	RS10-= 1270.250 – 1242.250 MHz
RS11 = 1270.275 – 1298.275 MHz	RS11-= 1270.275 – 1242.275 MHz
RS12 = 1270.300 – 1298.300 MHz	RS12-= 1270.300 – 1242.300 MHz
RS13 = 1270.325 – 1298.325 MHz	RS13-= 1270.325 – 1242.325 MHz
RS14 = 1270.350 – 1298.350 MHz	RS14-= 1270.350 – 1242.350 MHz
RS15 = 1270.375 – 1298.375 MHz	RS15-= 1270.375 – 1242.375 MHz
RS16 = 1270.400 – 1298.400 MHz	RS16-= 1270.400 – 1242.400 MHz
RS17 = 1270.425 – 1298.425 MHz	RS17-= 1270.425 – 1242.425 MHz
RS18 = 1270.450 – 1298.450 MHz	RS18-= 1270.450 – 1242.450 MHz
RS19 = 1270.475 – 1298.475 MHz	RS19-= 1270.475 – 1242.475 MHz
RS20 = 1270.500 – 1298.500 MHz	RS20-= 1270.500 – 1242.500 MHz
RS21 = 1270.525 – 1298.525 MHz	RS21-= 1270.525 – 1242.525 MHz
RS22 = 1270.550 – 1298.550 MHz	RS22-= 1270.550 – 1242.550 MHz
RS23 = 1270.575 – 1298.575 MHz	RS23-= 1270.575 – 1242.575 MHz
RS24 = 1270.600 – 1298.600 MHz	RS24-= 1270.600 – 1242.600 MHz
RS25 = 1270.625 – 1298.625 MHz	RS25-= 1270.625 – 1242.625 MHz
RS26 = 1270.650 – 1298.650 MHz	RS26-= 1270.650 – 1242.650 MHz
RS27 = 1270.675 – 1298.675 MHz	RS27-= 1270.675 – 1242.675 MHz
RS28 = 1270.700 – 1298.700 MHz	RS28-= 1270.700 – 1242.700 MHz

23cm PR-Duplex-Digipeater:

RS29 = 1270.725 – 1298.725 MHz	RS29-= 1270.725 – 1242.725 MHz
RS30 = 1270.750 – 1298.750 MHz	RS30-= 1270.750 – 1242.750 MHz
RS31 = 1270.775 – 1298.775 MHz	RS31-= 1270.775 – 1242.775 MHz
RS32 = 1270.800 – 1298.800 MHz	RS32-= 1270.800 – 1242.800 MHz
RS33 = 1270.825 – 1298.825 MHz	RS33-= 1270.825 – 1242.825 MHz
RS34 = 1270.850 – 1298.855 MHz	RS34-= 1270.850 – 1242.850 MHz
RS35 = 1270.875 – 1298.875 MHz	RS35-= 1270.875 – 1242.875 MHz
RS36 = 1270.900 – 1298.900 MHz	RS36-= 1270.900 – 1242.900 MHz
RS37 = 1270.925 – 1298.925 MHz	RS37-= 1270.925 – 1242.925 MHz

RS38 = 1270.950 – 1298.950 MHz
RS39 = 1270.975 – 1298.975 MHz
RS40 = 1271.000 – 1299.000 MHz

RS38-= 1270.950 – 1242.950 MHz
RS39-= 1270.975 – 1242.975 MHz
RS40-= 1271.000 – 1243.000 MHz
RS41-= 1271.025 – 1243.025 MHz
RS42-= 1271.050 – 1243.050 MHz
RS43-= 1271.075 – 1243.075 MHz
RS44-= 1271.100 – 1243.100 MHz
RS45-= 1271.125 – 1243.125 MHz
RS46-= 1271.150 – 1243.150 MHz
RS47-= 1271.175 – 1243.175 MHz
RS48-= 1271.200 – 1243.200 MHz
RS49-= 1271.225 – 1243.225 MHz
RS50-= 1271.250 – 1243.250 MHz

Hinweis: Die RSxx- — Kanäle werden nur in Sonderfällen vergeben. Bei 1242 – 1243 MHz können die Ausgabefrequenzen bei Bedarf für Linkstrecken zwischen Relais vergeben werden.

Verzeichnis der Relaisfunkstellen in Deutschland

KAN	RELAIS	STANDORT	LOC	BEM	VERANT	BAPT	DISTR
KW1	DF rgb	REGENSBURG	JN68AW	FAO	* DL5RDW	RGSB	U
		LINK zu DF0MOT auf 70cm beantragt					
KW2	DF	TRAUNSTEIN	JN67HT	FAO	* DF7MW	MCHN	C
KW2	DF0MOT	WIESBADEN/HOHE WURZEL	JO40BC	FAOR	DK8FK	FFM	F/Z
PR37		LINK zu DB0RU auf 70cm geplant					
KW3	DF	KONSTANZ	JN47NT	FAO	* DL7KH	FRB	A
KW4	DF0HHH	HAMBURG	JO43XK	FAOR	* DL6XB	HMB	E/Z
KW4	DF	MARL	JO31NS	FA	* DL1YBL	MSTR	N/Z
KW- %	DF0MHR	MUELHEIM/DUISBURG	JO31JK	FAOR	DF2ER	DSSD	L
		LINK zu DF0MOT auf 70cm geplant					
KWD1	DK0ALS	SCHWAERZENACH (DIGI)	JN47CW	FAOR	DK8ZV	FRB	A
		IN 29.210MHz,OUT 29.270MHz,keine Netzanbindg.					
KWD2	DL0FFW	HERCHENH.HOEHE (DIGI)	JO40PL	FAOR	DF5FF	FFM	F
		IN 29.220MHz,OUT 29.280MHz,keine Netzanbindg.					
KWD3	DF0HMB	HAMBURG (DIGI)	JO53AN	FAOR	DF4HN	HMB	E
		IN 29.230MHz,OUT 29.290MHz,keine Netzanbindg.					
KWPR	DK0BLN	BERLIN-WILMERSDORF (BBS)	JO62RL	FAOR	DL7...	BLN	D
		AMTOR-BBS					
KWPR	DK0MHZ	DASSENDORF (BBS)	JO53EM	FAOR	DJ2HZ	HMB	E
KWPR	DK0MWX	LANGENFELD (BBS)	JO31LC	FAOR	DL1WX	DSSD	R
		QRG: 14.099 MHz, LSB 1600/1800 Hz					

KAN	RELAIS	STANDORT		LOC	BEM	VERANT	BAPT	DISTR
KWPR	DK0MTV	MAINZ	(BBS)	JN49CX	FAOR	DJ8CY	KBLZ	K
		KW-MAILBOX, ... MHz						
KWPR	DK0MUC	MUENCHEN	(BBS)	JN58SD	FAOR	DL2RBI	MCHN	C
		KW-MAILBOX, 21.110 MHz						
KWPR	DK0MUN	MUENCHEN	(AMTOR-BBS)	JN58..	FAOR	* DL3MFH	MCHN	C
		KW-AMTOR						
KWPR	DK0MNL	SALZGITTER	(BBS)	JO52FE	FAOR	DK8AT	HAN	H
		KW-PR						
MB2	DB0MJ	DUESSELDORF	(BBS)	JO31JF	FAOR	DB9JH	DSSD	R
		ZUSATZKANAL: MB7, Anbindung RTTY an PR-Netz						
MB2	DB0EF	HOEXTER	(BBS)	JO41OS	FAOR	DJ8CN	MSTR	N
MB2	DB0SFK	HOMBURG/SAAR-BEXB	(BBS)	JN39PJ	FAOR	DF1VK	SBR	Q
MB2	DB0JVK	KIRCHHELLEN	(BBS)	JO31JO	FAOR	DG1YFO	MSTR	L
MB2	DB0OW	MUENSTER	(BBS)	JO32SA	FAOR	DF1QW	MSTR	N
PR22	DB0STR	STRALSUND	(DIGI)	JO64MH	FAOR	D....	RST	V
PR23	DB0FE	GOETTINGEN	(DIGI)	JO41VL	FAOR	DK7AT	HAN	H
PR31	DB0WAI	MUENCHEN	(DIGI)	JN58UD	FAOR	DG3FCE	MCHN	C
PR31	DB0SAA	OBERKOCHEN	(DIGI)	JN58BT	FAOR	DK6IX	STGT	P
PR33	DB0CZ	BRIGACHTAL	(BBS)	JN48FA	FAOR	DG3SAJ	FRB	A
PR33	DB0NDS	ZERNIEN	(DIGI)	JO53KB	FAOR	DK6OC	HAN	H
PR34-	DB	HAGEN	(DIGI)	JO31RI	FAOR	* DG1DS	DTMD	O
PR35	DB0AAC	KAISERSLAUTERN	(DIGI)	JN39VK	FAOR	DK7UC	KBLZ	K
PR36	DB0WHV	WILHELMSHAVEN	(DIGI)	JO43BN	FAOR	DL9BBH	BRM	I
	DB0SAU	ESSLINGEN	(DIGI)	JN48QS	FAOR	DB4SA	STGT	P
		ZUSATZEINSTIEG: RS31-						
PR39-	DB0SIF	GIESSEN	(BBS)	JO40JO	FAOR	DL6FBS	FFM	F
		ZUSATZEINSTIEG: RS39-						
PR45	DB0WEN	ALTGLASHUETTEN	(DIGI)	JN69ES	FAOR	DC1RJ	RGSB	U
PR45	DB0APO	APOLDA	(DIGI)	JO51TB	FAOR	DL5APO	ERF	X
PR45	DB0CL	BREMEN	(BBS)	JO43GF	FAOR	DD4BN	BRM	I
		ZUSATZEINSTIEG: RS38						
PR45	DB0KG	GOETTINGEN	(BBS)	JO41XN	FAOR	DC3AV	HAN	H
PR45	DB0DLG	GRUNDREMMINGEN	(DIGI)	JN58FM	FAOR	DG6MAY	MCHN	T
PR45	DB0OQ	KIEL	(BBS)	JO54AH	FAOR	DH1LAH	KIEL	M
PR45	DB0LJ	KOBLENZ/KRUFT	(BBS)	JO30QJ	FAOR	DL5DI	KBLZ	K
PR45	DB0LX	LUDWIGSBURG	(BBS)	JN48OV	FAOR	DL5SAE	STGT	P
PR45	DB mkl	LUEDENSCHEID	(DIGI)	JO31TE	FAO	* DK4EK	DTMD	O
PR45	DB0AGM	LUENEBURG	(BBS)	JO53FG	FAOR	DJ4KW	HMB	E
PR45	Y71G	MAGDEBURG →DB0mgd	(BBS)	JO52ZD	FAORF	DL8MNR	MGB	W

KAN	RELAIS	STANDORT		LOC	BEM	VERANT	BAPT	DISTR
PR45	DB0GV	MAINTAL/FRANKFURT	(BBS)	JO40KD	FAOR	DF5FF	FFM	F
		ZUSATZEINSTIEG: RS35-						
PR45	DB0UNI	NEUBIBERG	(DIGI)	JN58TB	FAOR	DK2RV	MCHN	C
PR45	DB0OE	OBERHAUSEN	(DIGI)	JO31KL	FAOR	DK4JM	DSSD	L
		ZUSATZEINSTIEG: RS35-						
PR45	DB0OBK	OSNABRUECK	(BBS)	JO42AG	FAOR	DL1BDY	BRM	I
PR45	DB0BQ	PADERBORN	(BBS)	JO41KQ	FAOR	DF6QQ	MSTR	N
		ZUSATZEINSTIEG: RS34						
PR45	DK0MAV	PEINE	(BBS)	JO52CI	FAOR	DF3AV	HAN	H
		AMTOR-PORT 3589 kHz						
PR45	DB0FP	SCHWEINFURT	(BBS)	JO50CB	FAOR	DG3NAE	NBG	B
PR46	DB0FFB	FUERSTENFELDBRUCK	(DIGI)	JN58PF	FAOR	DK9CL	MCHN	C
PR46	DB0SAO	GAERTRINGEN	(BBS)	JN48MQ	FAOR	DL1SBL	STGT	P
PR46	DB0HES	HUSUM/OSTENFELD	(BBS)	JO44OL	FAOR	DG5LK	KIEL	M
		ZUSATZEINSTIEG: RS40						
PR46	DB0ANP	KALCHREUTH	(DIGI)	JN59NN	FAOR	DC3NC	NBG	B/Z
PR46	DB0KH	KNUELL	(DIGI)	JO40RV	FAOR	DF7ZE	FFM	F
PR46	DB0LIP	LEMGO	(DIGI)	JO42LA	FAOR	DF8EE	MSTR	N
PR46	DB0KU	LENNESTADT	(DIGI)	JO41BD	FAOR	DB5DK	DTMD	O/Z
PR46	DB0ACM	MEPPEN	(DIGI)	JO32QR	FAOR	DK2UI	BRM	I
PR46	DBoca	OSCHERSLEBEN	(DIGI)	JO51LX	FAO	* DL6MPG	HAL	W
PR47	DB0MW	BAD HERSFELD	(DIGI)	JO40VU	FAOR	DJ3GU	FFM	F/Z
PR47	DB0FRB	FREIBURG	(BBS)	JN37WX	FAOR	DG7GF	FRB	A
PR47	DB0HHS	HAMBURG-HARBURG	(DIGI)	JO43XL	FAOR	DL4HAD	HMB	E
PR47	DB0TCP	KELKHEIM	(DIGI)	JO40ED	FAOR	DB3PA	FFM	F
		ZUSATZEINSTIEG: RS32						
PR47	DB lek	LECK	(DIGI)	JO44LS	FAO	* DG8LT	KIEL	M
PR47	DB0LOE	LOEBAU	(DIGI)	JO71HA	FAOR	DL1DWS	DSDN	S
PR47	DB nbb	NEUBRANDENBURG	(BBS)	JO63PN	FAO	* DL4NQC	NBBG	V
PR47	DB0NDR	NORDEN/OSTFRIESLAND	(BBS)	JO33OO	FAOR	DL1BDK	BRM	I/Z
		ZUSATZEINSTIEG: RS34						
PR47	DB0ABH	NUERNBERG	(DIGI)	JN59NK	FAOR	DD9NW	NBG	B/Z
PR47	DB0OSN	OSNABRUECK	(DIGI)	JO42AH	FAOR	DL1BFF	BRM	I/Z
PR47	DB0AAT	TRAUNSTEIN	(DIGI)	JN67HS	FAOR	DG5MFN	MCHN	C
PR47	DB0WOB	WOLFSBURG	(DIGI)	JO52JJ	FAOR	DJ7GP	HAN	H
PR48	DB0BHV	BREMERHAVEN	(DIGI)	JO43GN	FAOR	DJ9CN	BRM	I
PR48	DB hgb	HAGELBERG	(DIGI)	JO62GD	FAO	* DL2RXE	PDM	Y
PR48	DB0KT	HERCHENH.HOEHE	(DIGI)	JO40PL	FAOR	DF5FF	FFM	F
		ZUSATZEINSTIEG: RS38						

KAN	RELAIS	STANDORT		LOC	BEM	VERANT	BAPT	DISTR
PR48	DB0KFB	KAUFBEUREN	(DIGI)	JN57HV	FAOR	DC9LK	MCHN	T
		ZUSATZEINSTIEG: RS35-						
PR48	DB0HE	MINDEN	(DIGI)	JO42LH	FAOR	DB7YAH	MSTR	N
PR48	DB ntz	NEUSTRELITZ	(DIGI)	JO63MI	FAO	* DL1NOF	NBBG	V
PR48	DB0ORT	ORTENAU	(DIGI)	JN48BM	FAOR	DC0PP	FBG	A
		ZUSATZEINSTIEG: RS31-						
PR48	DB0ME	SOLINGEN	(DIGI)	JO31ME	FAOR	DL1EBQ	DSSD	R
		ZUSATZEINSTIEG: RS48-						
PR48	DB0GH	THOMM/TRIER	(DIGI)	JN39JR	FAOR	DJ7HQ	KBLZ	K
PR48	DB0MAR	TIMMENDORFER STRAND	(DIGI)	JO54JA	FAOR	DK8XN	HMB	E
PR48	DB zwi	ZWICKAU	(BBS)	JO60FR	FAO	* Y27DN	DSDN	S
PR49	DB0BBG	BAMBERG	(DIGI)	JN59MU	FAOR	DD8NE	NBG	B
PR49	DB0DAM	DAMME	(DIGI)	JO42CN	FAOR	DL2MB	BRM	I/Z
PR49	DB thd	DARMSTADT	(DIGI)	JN49HU	FAO	* DL8OBC	FFM	F
PR49	DB0AFS	HAGEN	(DIGI)	JO31RI	FAOR	DF8DR	DTMD	O/Z
PR49	DB0HOL	HOLZMINDEN	(DIGI)	JO41QV	FAOR	DF7AK	HAN	H/Z
PR49	DB	IDAR-OBERSTEIN	(DIGI)	JN39QQ	FA	* DK6PX	KBLZ	K
PR49	DB noh	NORDHAUSEN	(BBS)	JO51JM	FAO	* Y38WI	ERF	W
PR49	DB0EIC	TREUCHTLINGEN	(DIGI)	JN58LV	FAOR	DB1NZ	NBG	B
PR49	DB0HHW	UETERSEN	(DIGI)	JO43TQ	FAOR	DL2LAY	KIEL	M
		ZUSATZEINSTIEG: RS33-						
PR49	DB0BBX	WOERLITZ	(BBS)	JO61FR	FAOR	DG1HRG	HAL	W
PR50	DB0BAX	BUCHHEIM	(DIGI)	JN48LA	FAOR	DK9TH	FBG	A
PR50	DB0AIM	BURSCHEID	(DIGI)	JO31NC	FAOR	DL4KX	KLN	G/Z
PR50	DB0EMU	DESSAU	(DIGI)	JO61CU	FAOR	DG1HWO	HAL	W
PR50	DB0ONA	IDARKOPF	(DIGI)	JN39PU	FAOR	DK6PX	KBLZ	K
PR50	DB0BOX	NUERNBERG	(BBS)	JN59NJ	FAOR	DC3YC	NBG	B
PR50	DB	PADERBORN	(DIGI)	JO41JR	FA	* DL6YEO	MSTR	N
PR50	DB0PAS	PASSAU	(DIGI)	JN68RN	FAOR	DG2RBG	RGSB	U
PR50	DB0PDF	PETERSDORF	(DIGI)	JO42CW	FAOR	DH5BAG	BRM	I
PR50	DB0HHO	REINBEK	(DIGI)	JO53CM	FAOR	DL6HBQ	HMB	E
PR51	DB0GOS	ESSEN	(DIGI)	JO31MK	FAOR	DL8DAV	DSSD	L
		ZUSATZEINSTIEG: RS31- / DX-CLUSTER						
PR51	DB0FUL	FULDA	(DIGI)	JO40UN	FAOR	DJ4BS	FFM	F/Z
PR51	DB0EAD	GEISENHEIM/RHEINGAU	(DIGI)	JN30XA	FAOR	DG5FW	FFM	F
PR51	DB0GPP	GOEPPINGEN	(DIGI)	JN48UQ	FAOR	DL1SBE	STGT	P/Z
PR51	DB0DIH	HELGOLAND	(DIGI)	JO34WE	FAOR	DK5HP	HMB	E
PR51	DB0OVA	MOENNINGERBERG	(DIGI)	JN59PF	FAOR	DL9RDG	RGSB	U
PR51	DB0MWS	MUENCHEN	(DIGI)	JN58SD	FAOR	DL2RBI	MCHN	C
PR51	DB0MKN	WERDOHL	(DIGI)	JO31VG	FAOR	DK3AK	DTMD	O

KAN	RELAIS	STANDORT		LOC	BEM	VERANT	BAPT	DISTR
PR51-	DB	GERMERING	(DIGI)	JN58QD	FAOR	DG4MFG	MCHN	C
PR52	DB0DWN	BITBURG	(DIGI)	JO30GC	FAOR	DA1DW	KBLZ	K
PR52	DB0SAT	BREMEN	(SATG)	JO42JB	FAOR	* DB6WB	BRM	I
PR52	DB0CEL	CELLE	(BBS)	JO52BP	FAOR	DC9CT	HAN	H/Z
		ZUSATZEINSTIEG: RS32						
PR52	DB	DORTMUND	(DIGI)	JO31RL	FA	* DL4DBK	DTMD	O
PR52	DB0NET	EUSKIRCHEN	(DIGI)	JO30JP	FAOR	DG4KS	KLN	G
		ZUSATZEINSTIEG: RS40						
PR52	DB frx	FREIBURG	(DXCL)	JN37UX	FAO	* DF7GR	FRB	A
PR52	DB0FSG	FREISING	(DIGI)	JN58VK	FAOR	DL2JA	MCHN	C
PR52	DB0KV	KLEVE	(DIGI)	JO31BS	FAOR	DL2ECY	DSSD	L
PR52	DB slf	SAALFELD	(DIGI)	JO50RP	FAO	* DG0OAJ	EFT	X
PR52	DB0RBS	SCHWIEBERDINGE	(DIGI)	JN48NV	FAOR	DL1SEM	STGT	P
PR52	DB0SUE	SUEDERBRARUP/HAVET	(DIGI)	JO44SQ	FAOR	DL1LAA	KIEL	M
PR52	DB0RSV	SUHL	(BBS)	JO50IO	FAOR	DL4APR	EFT	X
PR53	DB ac.	AACHEN	(DIGI)	JO30BS	FAO	* DL9KAW	KLN	G
PR53	DB0BAL	BALLENSTEDT	(DIGI)	JO51OR	FAOR	DL1HSI	HAL	W
		ZUSATZEINSTIEG: PR21						
PR53	DB0FD	DEISTER	(DIGI)	JO42SH	FAOR	DJ6JC	HAN	H
		ZUSATZEINSTIEG: PR21						
PR53	DB0QS	DINSLAKEN	(DIGI)	JO31JN	FAOR	DD8ED	DSSD	L
		ZUSATZEINSTIEG: RS32						
PR53	DB xdx	ILMENAU	(DXCL)	JO50LQ	FAO	* Y32JK	EFT	X
PR53	DB0IGL	INGOLSTADT	(DIGI)	JN58SR	FAOR	DL4MFR	MCHN	C
PR53	DB0NOC	KATTENDORF	(DXCL)	JO53AU	FAOR	DF7HU	KIEL	M
PR53	DB0SIP	KONSTANZ	(DIGI)	JN47OQ	FAOR	DJ1XK	FRB	A
PR53	DB0LER	LEER	(DIGI)	JO33RG	FAOR	DL2BV	BRM	I/Z
		ZUSATZEINSTIEG: RS37-						
PR53	DB0RBA	MOSBACH	(DIGI)	JN49NH	FAOR	DD7GL	KLRH	A
PR53	DB0FN	SIEGEN	(DIGI)	JO40AU	FAOR	DB5DK	DTMD	O/Z
		ZUSATZEINSTIEG: RS34						
PR54	DB0BRV	BARCHEL/BREMERVOER	(BBS)	JO43ML	FAOR	DL4BBD	BRM	I
PR54	DB0FC	BRAUNSCHWEIG	(DIGI)	JO52GG	FAOR	DF2AU	HAN	H
		ZUSATZEINSTIEG: PR23, RS31-						
PR54	DB0FBB	DORTMUND	(DIGI)	JO31RM	FAOR	DJ4ZS	DTMD	O
		ZUSATZEINSTIEG: RS36						
PR54	DB0AJA	EISINGEN/WUERZBURG	(DXCL)	JN59AS	FAOR	DL6NDG	NBG	B
PR54	DB0HAS	HASLACH	(DIGI)	JN48BG	FAOR	DC5GF	FRB	A/Z
PR54	DB0VFK	KASSEL	(DIGI)	JO41SG	FAOR	DK5ZK	FFM	F/Z
PR54	DB0PKE	KEVELAER	(DIGI)	JO31DO	FAOR	* DL1EER	DSSD	L

KAN	RELAIS	STANDORT		LOC	BEM	VERANT	BAPT	DISTR
PR54	DB0SPC	MAINZ	(DXCL)	JN49CW	FAOR	DJ6RX	KBLZ	K
PR54	DB	MARKTREDWITZ	(DIGI)	JN60BA	FA	* DL3NDS	NBG	B
		ZUSATZEINSTIEG: RS29-						
PR54	DB0MDF	MUEHLDORF/INN	(DIGI)	JN68GF	FAOR	DL4MCD	MCHN	C
PR54	DB0NOE	REIMLINGEN	(DIGI)	JN58GU	FAOR	DB5MPQ	NBG	B
PR54	DB0SDT	SCHWEDT	(DIGI)	JO62WX	FAOR	Y25ZE	BLN	Y
PR54	DB0MVP	SCHWERIN	(DIGI)	JO53RP	FAOR	* DG1SUA	SCHW	V
PR55	DB0UHI	BOCKENEM	(DIGI)	JO52BA	FAOR	DL9OAO	HAN	H
PR55	DB bru	BREMEN	(DIGI)	JO43KC	FAO	* DL6BBP	BRM	I
PR55	DB cux	CUXHAVEN	(DIGI)	JO43IK	FAO	* DL6BI	BRM	I/Z
PR55	DB0END	ENNEPETAL	(DIGI)	JO31QH	FAOR	DB4DU	DTMD	O
		ZUSATZEINSTIEG: RS40						
PR55	DB ddx	GLASHUETTE	(DXCL)	JO60VU	FAO	* DL1VBN	DSDN	S
PR55	DB0HB	HAMBURG-FLUGHAFEN	(BBS)	JO43XP	FAOR	DF4HR	HMB	E
		ZUSATZEINSTIEG: RS30						
PR55	DB0LAQ	LANGQUAID	(DIGI)	JN68AT	FAOR	* DL2RBI	RGSG	U
PR55	DB	LIST/SYLT	(DIGI)	JO45FA	FA	* DL3LK	KIEL	M
PR55	DB0MZG	MERZIG	(DIGI)	JN39GK	FAOR	DK1MG	SBR	Q
PR56	Y51O	BERLIN	(DIGI)	JO62QM	FAOR	Y26WO	BLN	D
PR56	DB0EQ	BRACKENHEIM	(DIGI)	JN49MA	FAOR	DK2ZO	STGT	P/Z
PR56	DB0DSD	DRESDEN	(DIGI)	JO61TB	FAOR	Y23XL	DSDN	S
PR56	DB0KCC	FLINTBEK	(DXCL)	JO54BI	FAOR	DJ7SW	KIEL	M
PR56	DB0GOE	GOETTINGEN	(DIGI)	JO41XO	FAOR	DL8OAI	HAN	H/Z
		ZUSATZEINSTIEG: RS31-						
PR56	DB0QT	MAYEN	(DIGI)	JO30OJ	FAOR	DG2PU	KBLZ	K
PR56	DB0MEL	MELDORF	(DIGI)	JO44MC	FAOR	DJ3KK	KIEL	M
PR56	DB0AAB	MUENCHEN	(BBS)	JN58SD	FAOR	DL8MBT	MCHN	C
PR56	DB rgn	PARCHTITZ/RUEGEN	(DIGI)	JO64QL	FAO	* DG0GM	RST	V
PR56	DB hbn	SAARGRUND	(DIGI)	JO50LJ	FAO	* DK5WN	EFT	X
PR56	DB tgm	TANGERMUENDE	(DIGI)	JO52XN	FAO	* DG6MOG	MGB	W
PR56	DB0EA	TECKLENBURG	(DIGI)	JO32WF	FAOR	DD8QB	MSTR	N/Z
PR56	DB0ACA	UPFLAMOER	(DIGI)	JN48QF	FAOR	DL8GBA	FRB	P
		ZUSATZEINSTIEG: PR36						
PR56	DB0WGS	WEGSCHEID	(DIGI)	JN68VO	FAOR	DH8RAJ	RGSB	U
PR56-	DB	DORTMUND	(TCP)	JO31SM	FA	* DK5DC	DTMD	O
PR57	DB0WTS	BOCHUM/WATTENSCH	(DIGI)	JO31NK	FAOR	* DH4DAI	MSTR	N
		ZUSATZEINSTIEG: RS40						
PR57	DB0BRB	BRANDENBURG	(DIGI)	JO62HK	FAOR	* DL1RNO	PDM	Y
		ZUSATZEINSTIEG: PR23						
PR57	DB	COLLM	(DIGI)	JO61MH	FA	* DL1LQE		

KAN	RELAIS	STANDORT		LOC	BEM	VERANT	BAPT	DISTR
PR57	DB0PRA	ESCHWEILER	(DIGI)	JO30DU	FAOR	DL9KAW	KLN	G
		ZUSATZEINSTIEG: RS34						
PR57	DB0ODW	KREHBERG/ODENWALD	(DIGI)	JN49IQ	FAOR	DJ9FQ	FFM	F/Z
PR57	DB0THE	MOMMELSTEIN	(DIGI)	JO50FR	FAOR	DL1AKY	EFT	X
		ZUSATZEINSTIEG: PR21						
PR57	DB0MWE	MUENCHEN	(BBS)	JN58TE	FAOR	DL2RBI	MCHN	C
PR57	DB0MSC	MUENSTER	(DIGI)	JO31SX	FAOR	* DG6YY	MSTR	N
PR57	DB0RGB	REGENSBURG	(BBS)	JN69BA	FAOR	DG3RBU	RGSB	U
		ZUSATZEINSTIEG: RS36						
PR57	DB0ABZ	SALZGITTER	(DIGI)	JO52DD	FAOR	DD3AQ	HAN	H
PR57	DB0AAL	ULM	(DIGI)	JN48XJ	FAOR	DC8SE	STGT	P
PR57	DB0VER	VERDEN	(DIGI)	JO42OW	FAOR	DB2BG	BRM	I/Z
PR57	DB0HRH	WANNENBERG	(DIGI)	JN47EO	FAOR	DG5GAK	FRB	A/Z
PR58	DB0EV	ALTENSCHNEEBERG	(DIGI)	JN69GK	FAOR	DL4RAL	RGSB	U
PR58	DB0AMU	BERGHEIM	(DIGI)	JO30IW	FAOR	DL9KBP	KLN	G
PR58	DB0SHI	DUENSBERG	(DIGI)	JO40GP	FAOR	DL6FBS	FFM	F
PR58	DB0ESA	EISENACH	(DIGI)	JO51BA	FAOR	* DG0OE	EFT	X
PR58	DB0LUC	GEHREN	(DIGI)	JO61TS	FAOR	DL8UEF	CTB	Y
		ZUSATZEINSTIEG: PR21						
PR58	DB hht	HAMBURG	(TCP)	JO43XO	FAO	* DG4HAM	HMB	E
PR58	DB0KCP	LANGERRINGEN	(BBS)	JN58JD	FAOR	DL4MEA	MCHN	T
PR58	DB0MER	MERSEBURG	(DIGI)	JO51XI	FAOR	DL2HWB	HAL	W
		ZUSATZEINSTIEG: PR23						
PR58	DB0GE	SAARBRUECKEN	(BBS)	JN39MI	FAOR	DC9VY	SBR	Q
		ZUSATZEINSTIEG: RS39-						
PR58	DB0ABC	STEIGERWALD	(DIGI)	JN59GT	FAOR	* DF3NJ	NBG	B
PR58	DB0SHG	SUENTELN	(BBS)	JO42QE	FAOR	DB9AP	HAN	H
PR58	DB0AAU	TUEBINGEN	(DIGI)	JN48MN	FAOR	DJ7KA	STGT	P
PR59	DB0ALG	ALLGAEU	(DIGI)	JN57CR	FAOR	DF8CX	MCHN	T
PR59	DB chz	CHEMNITZ	(DIGI)	JO60LT	FAO	* Y24CN	CHEM	S
PR59	DB0WRN	FALKENHAGEN/WAREN	(DIGI)	JO63IM	FAOR	* DG2NPF	NBBG	V
PR59	DB0HHN	GOETZBERG	(DIGI)	JO53AT	FAOR	DL2LBQ	HMB	E
		ZUSATZEINSTIEG: RS35-						
PR59	DB0HAN	HILDESHEIM	(DIGI)	JO42XC	FAOR	DL8OAD	HAN	H/Z
PR59	DB0JES	JESSEN	(DIGI)	JO61MT	FAOR	DL2HTO	HAL	Y
		ZUSATZEINSTIEG: PR21						
PR59	DB0SWR	KUELSHEIM-STEIN	(DIGI)	JN49SQ	FAOR	* DG6IU	KBLZ	A
PR59	DB0LAN	LANDSHUT	(BBS)	JN68DM	FAOR	DD7RN	RGSB	U
PR59	DB0HOF	LOBENSTEIN/NAILA	(BBS)	JO50TK	FAOR	DH9NAK	RGSB	B
PR59	DB0NOS	OERLINGHAUSEN	(DIGI)	JO41HW	FAOR	* DG6YDZ	MSTR	N

KAN	RELAIS	STANDORT		LOC	BEM	VERANT	BAPT	DISTR
PR59	DB0SPB	SPREMBERG	(DIGI)	JN71EN	FAOR	DL6UOF	....	Y
		ZUSATZEINSTIEG: PR22						
PR59	DB wan	WANNWEIL	(TCP)	JN48OL	FAO	* DL5SAA	STGT	P
PR59+	DB	KAARST	(DIGI)	JO31HF	FA	* DB9JH	DSSD	R
PR59-	DB	SOLINGEN	(BBS)	JO31ME	FAOR	DG2EAT	DSSD	R
PR60	DB0ASF	ASCHAFFENBURG	(DIGI)	JO40NA	FAOR	* DL4NCQ	NBG	B
PR60	DB0ZKA	AUGSBURG	(DIGI)	JN58KI	FAOR	DL3MEW	MCHN	T
PR60	DB0BER	BERLIN	(DIGI)	JO62QL	FAOR	DL7APN	BLN	D/Z
PR60	DB bib	BIBERACH	(DIGI)	JN48VC	FAO	* DL9GCW	STGT	P
PR60	DB0DAU	DAUN	(DIGI)	JO30JF	FAOR	* DF4PD	KBLZ	K
PR60	DB0TUD	DRESDEN-SUED	(BBS)	JO61UA	FAOR	DG2DWL	DSDN	S
PR60	DB jna	JENA	(DIGI)	JO50TW	FAO	* Y22VJ	EFT	X
PR60	DB0EAM	KASSEL	(BBS)	JO41PI	FAOR	DG9FU	FFM	F
PR60	DB0LNA	LANDAU	(BBS)	JN68MU	FAOR	DB6RW	RGSB	U
PR60	DB0II	MOENCHENGLADBACH	(DIGI)	JO31FF	FAOR	DJ2NH	DSSD	R
		ZUSATZEINSTIEG: RS33-						
PR60	DB0SEL	PFORZHEIM	(DIGI)	JN48IV	FAOR	DK6II	KLRH	A
PR60	DB0FRG	SCHAUINSLAND	(DIGI)	JN37WW	FAOR	DG7GF	FRB	A
PR60	DB	SCHIEREN	(DIGI)	JO53EW	FA	* DG2LAN	KIEL	M
PR60	DB0SON	SONNEBERG	(DIGI)	JO50OJ	FAOR	DG0WF	EFT	X
PR60	DB	WERL	(DIGI)	JO31WN	FA	* DL4DBY	DTMD	O
PR61	DB0BID	BIEDENKOPF	(DIGI)	JO40GW	FAOR	DC2ZN	DTMD	O
PR61	DB0WST	BIRK	(DIGI)	JO30PT	FAOR	DJ8IM	KLN	G/Z
		ZUSATZEINSTIEG: RS38						
PR61	DB0HFT	BREMEN	(DIGI)	JO43JB	FAOR	DL5BCD	BRM	I
		ZUSATZEINSTIEG: RS39-						
PR61	DB0ERF	ERFURT	(DIGI)	JO50MX	FAOR	DL3AMI	ERF	X
		ZUSATZEINSTIEG: PR21 bis 31.12.93						
PR61	DB grl	GOERLITZ	(DIGI)	JO71LD	FAO	* DL2DTM	DSDN	S
PR61	DB0HOB	HOCHRIES/ROSENHEIM	(DIGI)	JN67DR	FAOR	DF2MY	MCHN	C
PR61	DB0HOT	HOHENSTEIN	(DIGI)	JO60UU	FAOR	DJ5JTN	CHEM	S
		ZUSATZEINSTIEG: PR21						
PR61	DB0HOM	HOMBURG/SAAR-BEXB	(DIGI)	JN39PJ	FAOR	DF5VO	SBR	Q
PR61	DB0IL	KIEL	(DIGI)	JO54AH	FAOR	DJ7SW	KIEL	M
PR61	DB0CPU	LUDWIGSHAFEN	(DIGI)	JN49FL	FAOR	DJ6II	KBLZ	K
PR61	DB0RT	NUERNBERG-MORITZB	(DIGI)	JN59PL	FAOR	DC5YF	NBG	B
PR62	DB0WAR	ALFELD	(DIGI)	JO41VX	FAOR	* DG7AAR	HAN	H
PR62	DB0BLN	BERLIN	(DIGI)	JO62NK	FAOR	DC7GB	BLN	D/Z
PR62	DB0DQ	FELDBERG/SCHWARZW.	(DIGI)	JN47AU	FAOR	DJ3EN	FRB	A/Z

KAN	RELAIS	STANDORT		LOC	BEM	VERANT	BAPT	DISTR
PR62	DB0DA	GR.FELDBERG/TS.	(DIGI)	JO40FF	FAOR	DJ8BT	FFM	F/Z
		ZUSATZEINSTIEG: RS33-						
PR62	DB0DJ	HAMBG.-BERLINER TOR	(DIGI)	JO53AN	FAOR	DL1LBZ	HMB	E
PR62	DB0AHO	H. PEISSENBERG	(DIGI)	JN57MT	FAOR	DL4MCR	MCHN	C
PR62	DB0ACC	MARL	(DIGI)	JO31NP	FAOR	DK5QY	MSTR	N/Z
PR62	DB0GU	OCHSENKOPF	(DIGI)	JO50VA	FAOR	DK3CZ	NBG	B
PR62	DB0SDX	SACHSENHEIM	(DXCL)	JN48NW	FAOR	DL1SBR	STGT	P
PR62	DB erz	SCHELLERAU	(DIGI)	JO60UV	FAO	* DL1UF	DSDN	S
PR62	DB0HST	STRALSUND	(DIGI)	JO64MH	FAOR	DG0GA	RST	V
PR62	DB0FHK	UNNENBERG/GUMMERSB	(DIGI)	JO31TB	FAOR	DC0KX	KLN	G
PR63	DB bug	BUGK	(DIGI)	JO62XE	FAO	* DK2OC	PDM	Y
PR63	DB esw	HOHER MEISSNER	(DIGI)	JO41WE	FAO	* DK8WY	FFM	F
PR63	DB0BM	JUELICH	(DIGI)	JO30EW	FAOR	DJ2IM	KLN	G
		ZUSATZEINSTIEG: PR36						
PR63	DB0IE	KARLSRUHE	(BBS)	JN49EA	FAOR	DL5UY	KLRH	A
		ZUSATZEINSTIEG: RS34						
PR63	DB0APW	LABER/OBERAMMERGAU	(DIGI)	JN57NO	FAOR	DF5EQ	MCHN	C
PR63	DB0MGB	MAGDEBURG	(DIGI)	JO52TD	FAOR	Y24OG	MGB	W
		ZUSATZEINSTIEG: PR22						
PR63	DB0HSK	MESCHEDE	(DIGI)	JO41DJ	FAOR	DD2DB	DTMD	O/Z
		ZUSATZEINSTIEG: RS39-						
PR63	DB0NWS	MORSBACH	(DIGI)	JO30UU	FAOR	DG1KT	KLN	K
PR63	DB0NER	NEUSTADT/RBRG.	(DIGI)	JO42TP	FAOR	DL8OBX	HAN	H
PR64	DB0GR	BERLIN	(BBS)	JO62RL	FAOR	DL7QG	BLN	D
PR64	DB0GHH	BONN	(DIGI)	JO30MS	FAOR	DD8KY	KLN	G
PR64	DB0AGI	LUENEBURG	(DIGI)	JO53FF	FAOR	DJ4KW	HMB	E
PR64	DB0ZDF	MAINZ	(DIGI)	JN49CX	FAOR	DF4WJ	KBLZ	K
PR64	DB0BAD	MERKUR	(DIGI)	JN48DS	FAOR	* DK4NH	KLRH	A
PR64	DB0NEU	NEUBURG/DONAU	(DIGI)	JN58MS	FAOR	DL9VD	MCHN	T
PR64	DB0NHM	NORTHEIM	(DIGI)	JO51AQ	FAOR	DJ3JW	HAN	H
PR64	DB0HP	PLETTENBERG	(DIGI)	JN48JF	FAOR	DF4UD	FRB	P/Z
PR64	DB0HRO	ROSTOCK	(BBS)	JO64AC	FAOR	DL1KWS	RST	V
		ZUSATZEINSTIEG: PR22						
PR64	DB0THD	SCHMUECKE	(DIGI)	JO50JP	FAOR	DL4APR	EFT	X
PR64	DB0AX	WUENNENBERG	(DIGI)	JO41JN	FAOR	DH4YAV	MSTR	N
PR65	DB0AZ	ASCHBERG	(DIGI)	JO44TK	FAOR	DF5DU	KIEL	M
PR65	DB bos	BOELLSTEIN	(DIGI)	JN49LR	FAO	* DK2NO	FFM	F
PR65	DB0FOV	FRANKFURT/ODER	(DIGI)	JO72GI	FAOR	* Y24SE	BLN	Y/Z
PR65	DB	HERFORD	(DIGI)	JO42HC	FA	* DL6YEJ	MSTR	N
PR65	DB0RPL	HOEHR-GRENZHAUSEN	(DIGI)	JO30UK	FAOR	DD8PI	KLN	K

KAN	RELAIS	STANDORT		LOC	BEM	VERANT	BAPT	DISTR
PR65	DB	KAMMERSTEIN	(DIGI)	JN59MI	FA	* DG3NBH	NBG	B
PR65	DB0LPZ	LEIPZIG	(BBS)	JO61FH	FAOR	DL9WIZ	CHEM	W
		ZUSATZEINSTIEG: PR21						
PR65	DB0PV	MUENCHEN	(BBS)	JN58SC	FAOR	DC4MB	MCHN	C
PR65	DB0DIG	PIRMASENS	(DIGI)	JN39TE	FAOR	DD1IA	KBLZ	K
		ZUSATZEINSTIEG: RS32						
PR65	DB0ID	STUTTGART	(DIGI)	JN48OR	FAOR	DK9SJ	STGT	P
PR65	DB0NID	TORFHAUS/HARZ	(DIGI)	JO51GT	FAOR	DK3NZ	HAN	H
PR65+	DB	DUESSELDORF	(DIGI)	JO31JG	FA	* DB4EU	DSSD	R
PR65-	DB	DUESSELDORF	(DIGI)	JO31JF	FAOR	DG1EAD	DSSD	R
PR--	DB0TEU	BAD IBURG	(DIGI)	JO42AE	FAOR	* DL2MB	BRM	I
PR--	DB0BDX	BERLIN	(DXCL)	JO62QL	FAOR	DL7ALM	BLN	D
PR--	DB0ADF	BOEBLINGEN	(PEIL)	JN48MQ	FAOR	DL1SEL	STGT	P
PR--	DB0SGL	BRACHBACH	(BBS)	JO30XU	FAOR	DC5KL	DTMD	O
PR--	DB kae	BREMEN	(WETT)	JO43JA	FAO	* D....	BRM	I
PR--	DB bro	BROCKEN	(DIGI)	JO51HT	FAO	* DG0CGW	HAL	W/Z
PR--	DB0HAG	DORTMUND	(BBS)	JO31SL	FAOR	DL2DBM	DTMD	O
PR--	DB0EGM	EGMATING	(DXCL)	JN57VX	FAOR	DK2WV	MCHN	C
PR--	DB0PIC	ESSLINGEN	(BBS)	JN48PR	FAOR	DB4SA	STGT	P
PR--	DB sky	FULDA	(SATG)	JO40UN	FAO	* D...	FFM	F
PR--	DB0WZB	GRAMSCHATZER W.	(DIGI)	JN49XV	FAOR	DJ9NM	NBG	B
PR--	DB0HHM	HAMBURG	(DIGI)	JO43XO	FAOR	DJ5HZ	HMB	E/Z
PR--	DB0HBS	HAMBURG-FINKENW	(BBS)	JO43TN	FAOR	* DL8XAW	HMB	E
PR--	DB0RHN	HEIDELSTEIN	(DIGI)	JO50AL	FAOR	DG3NAE	NBG	B/Z
PR--	DB0MKA	HENNEF	(BBS)	JO30PR	FAOR	DL3OE	KLN	G
PR--	DB rot	HERRENALB	(BBS)	JN48FT	FAO	* DL5UY	FRB	A
PR--	DB0LAI	HOHENSTADT	(DIGI)	JN48TM	FAOR	DL6SBV	STGT	P
PR--	DB0HOR	HORNISGRINDE	(DIGI)	JN48CO	FAOR	DC5GF	FRB	A/Z
PR--	DB0DBS	ILMENAU	(BBS)	JO50LQ	FAOR	DK4ZB	EFT	X
PR--	DB ins	INSELSBERG	(DIGI)	JO50FV	FAO	* Y31RI	EFT	X
PR--	DB0OVN	KAARST	(BBS)	JO31IF	FAOR	DB9JH	DSSD	R
PR--	DB0AAI	KALMIT	(DIGI)	JN49BH	FAOR	DJ6II	KBLZ	K
PR--	DB0BCC	LANDSHUT	(DXCL)	JN68DM	FAOR	DL1MAJ	RGSB	U
PR--	DB0AHA	MEPPEN	(BBS)	JO32QR	FAOR	DK2UI	BRM	I
PR--	DBbmi	MICHELSTADT	(BBS)	JN49MQ	FAO	* DK8BH	FFM	F
PR--	DB0UNX	MGLADBACH-RHEYDT	(BBS)	JO31EE	FAOR	DL1EGL	DSSD	R
		UNIX-System						
PR--	DB	MUENCHEN	(DXCL)	JN58TB	FA	* DK2WV	MCHN	C
PR--	DB0DOZ	NORDHELLE	(DIGI)	JO31VD	FAOR	DF8DR	DTMD	O/Z
PR--	DB0OVO	OBERHAUSEN	(BBS)	JO31JN	FAOR	DC4JZ	DSSD	L

KAN	RELAIS	STANDORT		LOC	BEM	VERANT	BAPT	DISTR
PR--	DB0OFB	OFFENBURG/WILLST.	(DIGI)	JN38WN	FAOR	DC5GF	FRB	A/Z
PR--	DB0RDX	RECKLINGHAUSEN	(DXCL)	JO31OP	FAOR	DL9YAJ	MSTR	N/Z
PR--	DB0DIM	ST. MICHAELISDONN	(DIGI)	JO43NX	FAOR	* DJ3KK	KIEL	M
PR--	DB0TOR	TORFHAUS/HARZ	(DIGI)	JO51GT	FAOR	DL8OAI	HAN	H/Z
PR--	DB0AAA	TUEBINGEN	(BBS)	JN48MN	FAOR	DJ7KA	STGT	P
PR--	DB0ULM	ULM	(BBS)	JN58BF	FAOR	DC2SF	STGT	P
PR--	DB0DNI	WOLFENBUETTEL	(BBS)	JO52GD	FAOR	DG2AY	HAN	H
RM19	DB0IY	TECKLENBURG	(DIGI)	JO32WF	FAOR	DD8QB	MSTR	N/Z
RS32	DB rhb	RHEINBACH	(DIGI)	JO30LP	FAO	* DG4KP	KLN	G
RS34	DB0AIS	MOERFELDEN	(BBS)	JN49HX	FAOR	DG3FBL	FFM	F
R66	DB0IT	HAGEN (MULTIMODE-BAKE)		JO31RI	FAOR	DJ8FB	DTMD	O
R67	DB	BLIESKASTEL (MULTIMODE)		JN39OF	FAO	* DC1VC	SBR	Q
R67	DB0NG	RECKLINGHAUSEN	(RTTY)	JO31NS	FAOR	DL5QP	MSTR	N/Z
R67	DB0LQ	REGENSBURG	(RTTY)	JN69AA	FAOR	DJ7LY	RGSB	U
R67	DB0PY	SCHWANB/KITZINGEN	(RTTY)	JN59DR	FAOR	* DK6NV	NBG	B
R68	DB0EK	ITZEHOE-HENNST. (MULTIMODE)		JO44UA	FAOR	DF2LC	KIEL	M/Z
R68	DB0OU	KALMIT	(RTTY)	JN49BH	FAOR	* DG5IY	KBLZ	K
R68	DB0LBB	LABERBERG (MULTIMODE)		JN57NO	FA0R	DL1MCG	MCHN	C
R68	DB0OVM	MUENSTER (MULTIMODE)		JO31TW	FAOR	DG4YBO	MSTR	N
R68	DB0PN	SAARBRUECKEN (MULTIMODE)		JN39LF	FAOR	DC9VY	SBR	Q
R69	DB0SA	DETMOLD-HIDDESEN	(RTTY)	JO41KV	FAOR	DK3RC	MSTR	N
R69	DB0SQ	FELDBERG/TS.	(RTTY)	JO40FF	FAOR	DJ8BT	FFM	F/Z
R69	DB0YZ	GOETTINGEN	(RTTY)	JO41XN	FAOR	DL8OAI	HAN	H/Z
R69	DB0HV	GRUNDREMMINGEN	(RTTY)	JN58FM	FAOR	DJ2FF	MCHN	T
R69	DB0SY	HAMBURG	(RTTY)	JO53AN	FAOR	* DK8HI	HMB	E
R69	DB0ZX	HOCHRIES/ROSENHEIM	(RTTY)	JN67CR	FAOR	* DL2XP	MCHN	C
R69	DB0QF	RHEINBERG	(RTTY)	JO31GN	FAOR	DF3EY	DSSD	L
R96	DB0LL	BARSINGHAUSEN (MULTIMODE)		JO42QH	FAOR	DL1OBH	HAN	H
R96	DB0JY	HAMBG.-MOORFL (MULTIMODE)		JO53BM	FAOR	DK6XU	HMB	E
RT %	DB0CR	GUENZBURG	(RTTY)	JN58DK	FAOR	DL2FX	MCHN	T
RT %	DB0YR	HAMBURG-HEIDENAU	(RTTY)	JO43UH	FAOR	* DL8VX	HMB	E
RT+%	DB0FY	FELDBERG/SCHWARZW	(RTTY)	JN47AU	FAOR	* DJ3EN	FRB	A/Z
RT+%	DB0YF	FELDBERG/TS.	(RTTY)	JO40FF	FAOR	DJ8BT	FFM	F/Z
RT+%	DB0YX	LANDSHUT	(RTTY)	JN68CN	FAOR	DB8RJ	RGSB	U
RT-	DB0QFA	RHEINBERG	(RTTY)	JO31GN	FAOR	DF3EY	DSSD	L
RT-%	DB0RX	BERLIN-FUNKTURM	(RTTY)	JO62PM	FAOR	DL7MO	BLN	D
RT-%	DB0ZY	MUENCHEN	(RTTY)	JN58RF	FAOR	DF2CX	MCHN	C
DVR	DB0DVR	BRAUNSCHWEIG TU		JO52GG	FAOR	DJ5VV	HAN	H
		DIGITAL VOICE REPEATER, IN/OUT 430.475 MHz FM						
DVR	DB	STOLBERG		JO30CS	F	* DH6KQ	KLN	G

KAN	RELAIS	STANDORT	LOC	BEM	VERANT	BAPT	DISTR
		DIGITAL VOICE REPEATER, IN/OUT 430.475 MHz FM					
S8	DB fsr	FREIBERG	JO60QV	FAO	* Y22QN	CHEM	S
		DIGITAL VOICE REPEATER, IN/OUT 145.200 MHz FM					
SA6	DB0YT	GOSHEIM/ROTTWEI (CROSSB.)	JN48JF	FAOR	* DF4UD	FRB	P/Z
ATV	DB0PE	ASPERG	JN49SB	FAOR	DD7SY	STGT	P
		IN 434.25 AM + 2343.00 FM, OUT 1275.00 FM					
ATV	DB0IV	AUGSBURG	JN58JH	FAOR	DB2CC	MCHN	T/Z
		IN 2395.00 FM, OUT 1275.00 FM					
ATV	DB0TS	BAD IBURG	JO42AE	FAOR	DL2MB	BRM	I/Z
		IN 1245.70 FM, OUT 2372.00 FM					
ATV	DB0NC	BAD ZWISCHENAHN	JO43AE	FAOR	DC6CF	BRM	I
		IN 434.25AM+1242.50AM+1245FM,OUT 1278.50AM/FM					
ATV	DB0KK	BERLIN	JO62QL	FAOR	DL7AKE	BLN	D
		IN 1252.50 FM, OUT 1285.OO AM					
ATV	DB rwe	BOTTROP-EIGEN	JO31MM	FAO	* DB6EV	DSSD	L
		IN 2380,00 FM, OUT 1285,40 AM					
ATV	DB0DP	BREMEN	JO43JC	FAOR	* DC0BV	BRM	I
		IN 434.25 AM + 2325.00 FM, OUT 1285.50 AM					
ATV	DB0KN	BROTJACKELRIEGEL	JN68OT	FAOR	DL7RAD	RGBB	U
		IN 434.25 AM + 1252.50 FM, OUT 1285.50 AM					
ATV	DB0TT	DORTMUND	JO31SK	FAOR	DH0DAJ	DTMD	O/Z
		IN 1242.5AM+1276.5FM, OUT 434.25AM+2342.5FM					
ATV	DB0RV	DREILAENDERECK	JN37TO	FAOR	DK9GO	FRB	A
		IN 434.25 AM + 2335.00 FM, OUT 1285.50 AM					
ATV	DB0TV	FELDBERG/TS.	JO40FF	FAOR	* DL4FX	FFM	F/Z
		IN 1252.50, OUT 1285.50					
ATV	DB	GELDERN	JO31..	FAO	* D....	DSSD	L
		IN, OUT					
ATV	DB0CD	GELSENKIRCHEN	JO31MO	FAOR	DH8YAL	MSTR	N
		IN 1276.20 FM, OUT 434.25 AM + 2342.00 FM					
ATV	DB0RIG	GOEPPINGEN	JN48WQ	FAOR	* DC1SO	STGT	P
		IN 2330.00 FM, OUT 1276.00 FM					
ATV	DB0ATV	HAMBURG	JO43XN	FAOR	DK6XR	HMB	E
		IN 1276.00 FM, OUT 2342.50 FM					
ATV	DB0FS	HAMBURG-LOKSTEDT	JO43XO	FAOR	DK6XU	HMB	E
		IN 434.25 AM + 1250.50 AM, OUT 1285.50 AM					
ATV	DB0TY	HOHE WURZEL/WIESBADEN	JO40BC	FAOR	DK8FK	FFM	F/Z
		IN 1247.75 FM, OUT 2405.50 FM					
ATV	DB0KL	KIRCHBERG	JN39QW	FAOR	DL3SR	KBLZ	K
		IN 2341.00 FM, OUT 1275.00 FM					

KAN	RELAIS	STANDORT	LOC	BEM	VERANT	BAPT	DISTR
ATV	DB0KO	KOELN	JO30LV	FAOR	DF9KH	KLN	G
		IN 434.25AM+1247.00FM+10475FM, OUT 1280.00AM					
ATV	DB0NF	KUEHNRIED/CHAM	JN69IH	FAOR	* DB3RN	RGSB	U/AFG
		IN 434.25 AM, OUT 1285.50 AM					
ATV	DB0LO	LEER/OSTFRIESLAND	JO33RF	FAOR	DB8WM	BRM	I
		IN 434.25AM+1242.5AM+1248FM+2417FM,OUT 2335FM					
ATV	DB0GY	MARKDORF/GEHRENBERG	JN47RR	FAOR	DJ8NC	FRB	A
		IN 2343.00 FM, OUT 1285.50 AM					
ATV	DB0MAK	MARKTREDWITZ/HAINGRUEN	JO60BA	FAOR	DJ7EY	NBG	B
		IN 434.25 AM + 1246.00 FM, OUT 1274.00 FM					
ATV	DB0MHR	MUELHEIM/RUHR	JO31KK	FAOR	DK6EU	DSSD	L
		IN 1247.20 FM, OUT 2330.00 FM					
ATV	DB0QI	MUENCHEN	JN58TD	FAOR	DK8CD	MCHN	C
		IN 434.25 AM + 2392.50 FM, OUT 1276.50 FM					
ATV	DB0HH	MUENSTER	JO31UW	FAOR	DL5QT	MSTR	N/Z
		IN 1282.50 FM, OUT 2342.00 FM					
ATV	DB0PW	MURNAU	JN57NO	FAOR	DL1MCG	MCHN	C
		IN 1242.00 AM, OUT 1283.50 AM					
ATV	DB0OV	NORDENHAM	JO43FM	FAOR	DB6XJ	BRM	I
		IN 2335.00 MHz, OUT 1285.50 MHz					
ATV	DB0QP	PFARRKIRCHEN	JN68HI	FAOR	DC6AK	RGSB	U
		IN 434.25 AM, OUT 1285.50 AM					
ATV	DB0NK	PIRMASENS	JN39TE	FAOR	* DD0IJ	KBLZ	K
		IN 1252.50, OUT 1285.50					
ATV	DB0TAV	REES/NIEDERRHEIN	JO31ES	FAOR	* DD9QP	DSSD	L
		IN 1247.20 FM, OUT 2330.00 FM					
ATV	DB0FMS	REUTLINGEN/KUSTERDINGEN	JN48OL	FAOR	DK6TE	STGT	P/Z
		IN 1248.00 FM, OUT 2339,00 FM					
ATV	DB0QJ	SIEGEN	JO40CW	FAOR	DL8KV	DTMD	O
		IN 1246.50 FM, OUT 434.25 AM + 2334.00 FM					
ATV	DB0DN	TEGELBERG/SCHWABEN	JN57JN	FAOR	DL9MDR	MCHN	T
		IN 434.25 AM + 2343.00 FM, OUT 1285.50 AM					
ATV	DB0FTV	VILLINGEN/SCHWENNINGEN	JN48FC	FAOR	DF5GY	FRB	A
		IN 2343.00 FM, OUT 1278.00 FM					
ATV	DB0YQ	WEIDEN	JN69CQ	FAOR	DC9RU	RGSB	U/Z
		IN 1252.50, OUT 1285.50					
R0	DB0SP	BERLIN-SPANDAU	JO62QM	FAOR	DL7HD	BLN	D
R0	DB0WC	BREMERHAVEN	JO43GN	FAOR	DK8BJ	BRM	I/Z
R0	DB0UF	FELDBERG/TS.	JO40FF	FAOR	DL4FX	FFM	F/Z
R0	DB0SH	FLENSBURG	JO44QS	FAOR	DB7LR	KIEL	M

KAN	RELAIS	STANDORT	LOC	BEM	VERANT	BAPT	DISTR
R0	DB0GLZ	GOERLITZ	JO71LD	FAOR	Y42SL	DRSD	S
R0	DB0UH	HAGEN	JO31RI	FAOR	DL4DAM	DTMD	O/Z
R0	DB0XF	HOLLEDAU	JN58TN	FAOR	DL2RI	MCHN	C
R0	DB0QB	KONSTANZ-STADT	JN47OP	FAOR	DC4GP	FRB	A/Z
R0	DB0YN	LINDAU-NORTHEIM/HANN.	JO51AQ	FAOR	DL9AO	HAN	H
R0	DB0YY	LUDWIGSBURG	JN48OV	FAOR	DK3PT	STGT	P
R0	DB0ZL	LUECHOW/ELBE	JO53KB	FAOR	DK6OC	HAN	H
R0	DB0ZB	OCHSENKOPF	JO50VA	FAOR	DJ5KI	NBG	B
R0	DB0SR	SAARBRUECKEN/HOLZ	JN39MI	FAOR	DC9VY	SBR	Q
R0X	DB0WX	TRIBERG	JN48DC	FAORO	DJ8MY	FRB	A
R1	DB0ZA	ASCHBERG (RENDSBURG)	JO44UK	FAOR	DC6UW	KIEL	M
R1	DB0UB	BAMBERG	JN59MU	FAOR	DF1NX	NBG	B
R1	DB0YL	BERLIN-TIERGARTEN	JO62QM	FAOR	DF3YT	BLN	D
R1	DB0WU	BREMEN	JO43JB	FAOR	DC6CA	BRM	I
R1	DB0WT	DETMOLD/BIELSTEIN	JO41JV	FAOR	DK3RC	MSTR	N
R1	DB0MGG	DREI-ANNEN-HOHNE	JO51IT	FAOR	DG6CG	MGB	W
R1	DB0WW	DUISBURG	JO31JK	FAOR	DG7JJ	DSSD	L/Z
R1	DB0ZH	HEIDELBERG	JN49IJ	FAOR	DL1LS	KLRH	A/Z
R1	DB0WV	HOECHSTEN/FRIEDRICHSHAFEN	JN47QT	FAOR	DJ3CH	FRB	P
R1	Y22L	KOTTMAR/OSTSACHSEN	JO71HA	R	* Y21XR	CTB	S
R1	DB0XS	MERZIG/SAAR	JN39FM	FAOR	DK1MG	SBR	Q
R1	DB0NBG	NEUBRANDENBURG	JO63PN	R	DL1NYC	NBBG	V
R1	DB0ANA	POEHLBERG	JO60MN	FAOR	DL1JAA	CHEM	S
R1	DB0WB	WINTERBERG/WALDKRAIBURG	JN68EE	FAOR	DJ4UC	MCHN	C
R2	DB0XA	CUXHAVEN	JO43HU	FAOR	DL5HAP	HMB	E
R2	DB0WE	ESSEN	JO31LJ	FAOR	DL8DAV	DSSD	L
R2	DB0XM	HOHER MEISSNER	JO41WF	FAOR	DB8AS	FFM	F
R2	DB0WY	LUEBBECKE	JO42FG	FAOR	DC6GB	MSTR	N
R2	DB0UN	NUERNBERG-STADT	JN59ML	FAOR	DK1FE	NBG	B
R2	DB0WN	OCHSENWANG	JN48SN	FAOR	DJ2GO	STGT	P
R2	DB0UP	PFORZHEIM	JN48JV	FAOR	DL8TP	KLRH	A
R2	DB0VP	PIRMASENS	JN39TE	FAOR	DJ6EW	KBLZ	K
R2	DB0PCK	SCHWEDT/ODER	JO73BD	FAOR	DG2BQG	BLN	Y
R2	DB0SWO	SCHWERIN	JO53QP	FAOR	DL9SUD	SCHW	V
R2	DB0YS	SIEGEN	JO40AX	FAOR	DL8KV	DTMD	O
R2	DB0SHL	SUHL-STADT/RINGBERGHAUS	JO50IO	FAORO	DL4APR	ERF	X
R3	DB0XN	BREDSTEDT-BORDELUM	JO44LP	FAOR	DL2LAC	KIEL	M/Z
R3	DB0YC	CHAM	JN69JB	FAOR	DG2RI	RGSB	U
R3	DB0DD	DRESDEN-KLOTZSCHE	JO61VC	R	DL5DSY	DSDN	S
R3	DB0WEI	ETTERSBERG/WEIMAR	JO51PA	R	DL3API	EFT	X

KAN	RELAIS	STANDORT	LOC	BEM	VERANT	BAPT	DISTR
R3	DB0WS	GOSLAR-STEINBERG	JO51FV	FAOR	DJ4JI	HAN	H
R3	DB0HGW	GREIFSWALD	JO64QC	R	DL9GMH	RST	V
R3	DB0YH	HOECHENSCHWAND/SCHWARZW.	JN47CR	FAOR	DJ2SP	FRB	A
R3	DB0SD	IDAR-OBERSTEIN	JN39QQ	FAOR	DJ8SL	KBLZ	K
R3	DB0UK	KARLSRUHE	JN48EX	FAOR	DL6UB	KLRH	A
R3	DB0VR	NORDHELLE/SAUERLAND	JO31VD	FAOR	DL4DAM	DTMD	O/Z
R3	DB0UO	OLDENBURG	JO43AE	FAOR	DJ6UA	BRM	I/Z
R3	DB0PDM	POTSDAM	JO62MI	FAOR	DL2RSI	PDM	Y
R3	DB0TF	ULM	JN48XJ	FAOR	DL9SU	STGT	P
R3	DB0WZ	WUERZBURG	JN49WS	FAOR	DK2DT	NBG	B
R3X	DB	BACKNANG	JN49SB	FAO	* DC7TU	STGT	P
R4	DB0RH	BERGEN/CELLE	JO42WU	FAOR	DJ5FT	HAN	H/Z
R4	DB0SB	BONN	JO30OQ	FAOR	DL1KCO	KLN	G
R4	DB0UC	COBURG	JO50LH	FAOR	DC5WW	NBG	B
R4	DB0JLF	GEHREN	JO61TS	FAOR	DL2HUF	HAL	Y
R4	DB0XK	KALMIT	JN49BH	FAOR	DJ2QA	KBLZ	K/Z
R4	DB0SL	LANDAU/DEGGENDORF	JN68MU	FAOR	DL9HG	RGSB	U
R4	DB0WO	LEER/OSTFRIESLAND	JO33SF	FAOR	DL2BV	BRM	I/Z
R4	DB0WM	MUENSTER	JO31UW	FAOR	DF5QR	MSTR	N
R4	DB0XU	RIMBERG	JO40ST	FAOR	DL4FX	FFM	F/Z
R4X	DB0MGD	MAGDEBURG	JO52TC	FAOR	* DL6MGD	MGB	W
R4X	DB0ZW	WEIDEN	JN69EQ	FAORO	DC9RK	RGSB	U
R5	Y21O	BERLIN	JO62SM	R		BLN	D
R5	DB0XY	BOCKSBERG/HARZ	JO51EU	FAOR	DF4OL	HAN	H
R5	DB0QW	HAMBURG-OST	JO53DL	FAOR	DL1HAB	HMB	E
R5	DB0ZK	KOBLENZ	JO30SH	FAOR	DK4PW	KBLZ	K/Z
R5	DB0SM	MEPPEN	JO32QS	FAOR	DF3BV	BRM	I
		ZUSATZEING. 144.640 MHz RTTY, AUSG. R5					
R5	DB0THA	SCHMUECKE	JO50JP	FAORO	DL4APR	EFT	X
R5	DB0ZU	ZUGSPITZE	JN57LK	FAOR	DJ3YB	MCHN	C
R5X	DB0WIT	WITTSTOCK-PRITZWALK	JO63CD	FAOR	* DL2RPC	PDM	Y
R6	DB0XO	BERGHEIM	JO30IX	FAOR	DL5KCD	KLN	G
R6	DB0WF	BERLIN (KUDAMM-KARREE)	JO62PM	FAOR	DL7NL	BLN	D
R6	DB0ZO	DOEHRENBERG/OSNABRUECK	JO42BE	FAOR	DJ7ZS	BRM	I
R6	DB0VF	FRANKFURT-STADT	JO40ID	FAOR	DL4FX	FFM	F/Z
R6	DB0UE	FULDA	JO40UO	FAOR	DJ4BS	FFM	F/Z
R6	DB0YJ	GOETTINGEN	JO41XM	FAOR	DJ3KH	HAN	H/DAF
R6	DB0XH	HAMBURG-MITTE	O43XN	FAOR	DJ8KV	HMB	E
R6	DB0WH	HANNOVER	JO42XC	FAOR	DB3OA	HAN	H/Z
R6	DB0YK	HOMB.-BEXB./HOECHEN→R5X	JN39PJ	FAORO	DF1VK	SBR	Q

KAN	RELAIS	STANDORT	LOC	BEM	VERANT	BAPT	DISTR
R6	DB0ZF	KAISERSTUHL/FREIBURG	JN38UB	FAOR	DJ8PK	FRB	A/Z
R6	DB0WK	KONSTANZ/SIPPLINGER BERG	JN47NT	FAOR	DJ3EM	FRB	A
R6	DB0ZM	MUENCHEN-STADT	JN58RE	FAOR	DK5MZ	MCHN	C/Z
R6	DB0ZN	NUERNBERG-MORITZBERG	JN59PL	FAOR	DF6NC	NBG	B
R6	DB0HAL	PETERSBERG/HALLE/SAALE	JO51XN	FAOR	DL1HQA	HAL	W
R6	DB0TK	REGENSBURG	JN69BB	FAOR	DL2ML	RGSB	U
R6	DB0ROS	ROSTOCK	JO64AD	R	DL6KWN	RST	V
R6	DB0WR	STUTTGART	JN48QS	FAOR	DK9SJ	STGT	P
R7	DB0VQ	BAD BENTHEIM	JO32OH	FAOR	DL2BAU	BRM	I
R7	DB0VB	BOELLSTEIN	JN49LR	FAOR	DL6ZL	FFM	F
R7	DB0XC	ELM	JO52JF	FAOR	DF4AA	HAN	H/Z
R7	DB0UT	ERBESKOPF/TRIER	JN39NR	FAOR	DL2DI	KBLZ	K/Z
R7	DB0FRO	FRANKFURT/ODER (QRM? →R3X)	JO72GI	FAORO	Y24SE	BLN	Y/Z
R7	DB0WG	GOEPPINGEN	JN48WQ	FAOR	DC1SO	STGT	P
R7	DB0XG	GREDING	JN59QB	FAOR	DL1RAJ	RGSB	U
R7	DB0HEI	HEIDE/HOLSTEIN	JO44NE	FAOR	DF2LC	KIEL	M/Z
R7	DB0XE	KASSEL	JO41QH	FAOR	DJ1XJ	FFM	F
R7	DB0VK	KOELN-STADT	JO30LW	FAOR	DC9KJ	KLN	G
R7	DB0WL	LAHR	JN38WI	FAOR	DL9QD	FRB	A
R7	DB0LEI	LEIPZIG	JO61EI	R	Y25QM	LPZG	S
R7	DB0YA	MARKTREDWITZ	JO60BA	FAOR	DF8NZ	NBG	B
R7X	DB0DBD	BRANDENBURG	JO62HK	FAOR	* Y26RD	PDM	Y
R8	DB0WA	AACHEN →R7x	JO30BS	FAOR	DL6IM	KLN	G/Z
R8	DB0UA	AUGSBURG →R1X	JN58LI	FAORO	DK6XH	MCHN	T
R8	DB0YB	BAD HERSFELD →R0X	JO40VU	FAOR	DJ3GU	FFM	F
R8	DB0XB	BAEDERSTRASSE/OSTSEE →R4	JO54JA	FAORO	DK8XN	HMB	E
R8	DB0WD	DEISTER →R7X	JO42SG	FAORO	DJ6JC	HAN	H
R8	DB0ZR	DORTMUND →R5	JO31SL	FAORO	DK1DO	DTMD	O
R8	DB0XR	DREIL.ECK/LOERRACH →R4X	JN37WR	FAORO	DL1GZW	FRB	A
R8	DB0XW	HOHENKIRCHEN/FRIESL. →R7	JO33WQ	FAORO	DL4BCL	BRM	I
R8	DB0VD	MELIBOKUS/DARMSTADT →R2X	JN49HR	FAOR	DK4FF	FFM	F
R70	DB0YV	BAD TOELZ	JN57RS	FAOR	DL9VD	MCHN	C/Z
R70	DB0DS	DORTMUND	JO31RL	FAOR	DJ4VR	DTMD	O/Z
R70	DB0FFO	EISENHUETTENSTADT	JO72GD	FAOR	Y24SE	CTB	Y/Z
R70	DB0SS	HEILBRONN	JN49OD	FAOR	DF3SS	STGT	P
R70	DB0UZ	LUECHOW/ELBE	JO53KB	FAOR	DK6OC	HAN	H
R70	DB0VN	NUERNB.-SCHMAUSENBRUCK	JN59NK	FAOR	DK1FE	NBG	B
R70	DB0OO	OLDENBURG	JO43CD	FAOR	DJ6UA	BRM	I
R70	DBvks	VOELKLINGEN	JN39KG	FAO	* DL8FF	SBR	Q
R70	DB0UJ	WETZLAR-GIESSEN	JO40GP	FAOR	DL9RY	FFM	F

KAN	RELAIS	STANDORT	LOC	BEM	VERANT	BAPT	DISTR
R70	DB wlg	WOLGAST/USEDOM	JO64TA	FAO	* DG0NA	NBBG	V
R71	DB0AO	AUGSBURG	JN58KI	FAOR	DJ8NS	MCHN	T
R71	DB0OI	BRAUNSCHWEIG	JO52FG	FAOR	DJ5VV	HAN	H
R71	DB0RB	BRUCHSAL	JN49HC	FAOR	DB6EY	KLRH	A
R71	DB0EG	COESFELD/SCHOEPPINGEN	JO32OC	FAOR	DL2YCF	MSTR	N/Z
R71	DB0NU	HASSBERGE/LICHTENSTEIN	JO50JE	FAOR	DC9NN	NBG	B
R71	DB kf	KIEL-STADT	JO54BH	FAO	* DK2HF	KIEL	M
R71	DB0MN	MAYEN	JO30OI	FAOR	DB6KH	KBLZ	K
R71	DB msp	NEUSTRELITZ	JO63MI	FAO	* DL7XH	NBBG	V
R71	DB0SAX	OSCHATZ	JO61MH	FAOR	Y22QN	CHEM	S
R71	DB0BW	PASSAU	JN68RN	FAOR	DD0RC	RGSB	U
R72	DB0CSD	CHEMNITZ	JO60LT	FAOR	* Y25LN	CHEM	S
R72	DB0UD	DUISBURG	JO31JK	FAOR	DG7JJ	DSSD	L/Z
R72	DB0YG	GOETTINGEN	JO41XN	FAOR	DL8OAI	HAN	H/Z
R72	DB0XI	HAMBURG-MITTE	JO43XN	FAOR	DJ8KV	HMB	E
R72	DB0TR	HOCHRIES/ROSENHEIM	JN67CU	FAOR	DL2NG	MCHN	C
R72	DB0WJ	KONSTANZ/SIPPLINGER BERG	JN47NT	FAOR	DJ1XK	FRB	A
R72	DB0XT	MERZIG/SAAR	JN39FM	FAOR	DK1MG	SBR	Q
R72	DB0OX	NORDEN	JO33OO	FAOR	DL1BAH	BRM	I
R72	DB0SZ	SCHAUINSLAND/FREIBURG	JN37WW	FAOR	DG7GF	FRB	A
R72	DB0WP	STUTTGART	JN48QS	FAOR	DK9SJ	STGT	P
R73	DB0BC	BERLIN	JO62PM	R	DC7YS	BLN	D
		2. Ein- u. Ausgabe auf 144.485 MHz in SSB					
R73	DB0CY	BOCKSBERG/HARZ	JO51EU	FAOR	DF4OL	HAN	H
R73	DB0BNV	BREMEN/VEGESACK-AUMUND	JO43HE	FAOR	DJ9OD	BRM	I
R73	DB0RZ	DONAU-BUSSEN	JN48SE	FAOR	DL4TD	FRB	P
R73	DB0ND	DONNERSBERG	JN39VP	FAOR	DF1IG	KBLZ	K
R73	DB0EY	KRONACH	JO50PG	FAOR	DL5NP	NBG	B
R73	DB0AK	SIEGEN	JO40AX	FAOR	DL9DBF	DTMD	O
R74	DB0DI	BAD SEGEBERG	JO53CY	FAOR	DC1LF	KIEL	M
R74	DB0DES	DESSAU	JO61CU	FAOR	* Y41RH	HAL	W
R74	DB0VE	FELDBERG/TS.	JO40FF	FAOR	DL4FX	FFM	F/Z
R74	DB0REM	FELLBACH/STUTTGART	JN48PT	FAOR	* DL9SBV	STGT	P
R74	DB0ZV	HAGEN-SCHWERTE	JO31SI	FAOR	DL1DBB	DTMD	O
R74	DB nbb	NEUBRANDENBURG	JO63PN	FAO	* DL1NYC	NBBG	V
R74	DB0TP	NUERNBERG-MORITZBERG	JN59PL	FAOR	DB5NU	NBG	B
R74	DB0YP	WESERBERGLAND/B. PYRMONT	JO41PX	FAOR	DK5EM	MSTR	H
R74	DB0RW	WILHELMSHAVEN	JO43BM	FAOR	DL9BAE	BRM	I
R74	DB0ZI	WINTERBERG/WALDKRAIBURG	JN68DE	FAOR	DJ9BA	MCHN	C
R75	DB rug	BERGEN/INSEL RUEGEN	JO64RK	FAO	* DL3KZA	RST	V

KAN	RELAIS	STANDORT	LOC	BEM	VERANT	BAPT	DISTR
R75	DB0TA	BERLIN-FUNKTURM	JO62PM	FAOR	DC7GJ	BLN	D
R75	DB0CO	DOEHRENBERG/OSNABRUECK	JO42BE	FAOR	DG6BP	BRM	I
R75	DB0BO	ESSLINGEN	JN48PR	FAOR	DB1SS	STGT	P
R75	DB0IDS	IDSTEIN/TAUNUS	JO40DF	FAOR	DK8FK	FFM	F
R75	DB0NI	LUENEBURG	JO53FG	FAOR	DK6OC	HMB	E
R75	DB0NJ	MUENCHEN (DISTR.BAY.-SUED)	JN58SC	FAOR	DD5KI	MCHN	C
R75	DB0TQ	RENCHTAL	JN48AN	FAOR	DC0PP	FRB	A
R75	DB0QL	ROTENBURG	JO40XX	FAOR	DL4FAR	FFM	F
R75	DB0QA	WUERSELEN	JO30BT	FAOR	DG6KI	KLN	G
R76	DB0TB	BIELEFELD (OERLINGHAUSEN)	JO42IB	FAOR	DF6VS	MSTR	N/Z
R76	DB0TD	CRAILSHEIM	JN59BD	FAOR	DL9PW	STGT	P
R76	DB0SJ	DUESSELDORF	JO31LG	FAOR	DF7JV	DSSD	R
R76	DB0XX	ELM	JO52JF	FAOR	DC6XX	HAN	H/Z
R76	DB0TC	FREISING	JN58SK	FAOR	DL2XP	MCHN	C
R76	DB0JEH	HERZBERG	JO61QR	FAOR	* DL8UAD	CTB	Y
R76	DB0RMV	MARLOW	JO64GD	FAOR	DL3KUM	RST	V/Z
R76	DB0UU	MELIBOKUS/DARMSTADT	JN49HR	FAOR	DK4FF	FFM	F
R76	DB0VO	OCHSENKOPF	JO50VA	FAOR	DB8UY	NBG	B
R76	DB0XJ	STADE	JO43RO	FAOR	DK3HQ	HMB	E
R77	DB0QN	BIEDENKOPF	JO40GX	FAOR	DC2ZN	FFM	O
R77	DB0BS	BOCHUM	JO31OM	FAOR	DD1DL	DTMD	O/Z
R77	DB0OZ	BREMEN/UTBREMEN	JO43JC	FAOR	DB2BG	BRM	I/Z
R77	DB0XZ	FLENSBURG	JO44QT	FAOR	DL8LAR	KIEL	M
R77	DB0REN	LEHESTEN/RENNSTEIG/THUER.	JO50RK	FAOR	DC3ND	EFT	X
R77	DB0TL	SAARBRUECKEN/HOLZ	JN39MI	FAOR	DC9VY	SBR	Q
R77	DB0ODE	WAGENSCHWEND/ODENWALD	JN49NL	FAOR	* DF4IY	KLRH	A
R78	DB	COTTBUS	JO71DQ	FAO	* DL6UFB	CTB	Y
R78	DB0WI	HAMBURG MITTE	JO43XN	FAOR	DF4HR	HMB	E
R78	DB0VV	IDAR-OBERST. →JN39QQ	JN39PQ	FAORA	DJ8SL	KBLZ	K
R78	DB0SF	KAISERSTUHL/FREIBURG	JN38UB	FAOR	DJ8PK	FRB	A/Z
R78	DB0TM	KASSEL	JO41PH	FAOR	DC5FJ	FFM	F/Z
R78	DB0WQ	LUEBBECKE (WIEHENGEBIRGE)	JO42HH	FAOR	DL2QM	MSTR	N/Z
R78	DB0WOL	MAGDEBURG/WOLMIRSTEDT	JO52TC	FAOR	* DL6CIG	MGB	W
R78	DB0NW	WESEL	JO31HP	FAOR	DL4EF	DSSD	L/Z
R78	DB0VY	WUERZBURG	JN49WS	FAOR	DK2DT	NBG	B
R78	DB0ZS	ZUGSPITZE	JN57MK	FAOR	DJ3YB	MCHN	C
R79	DB0CJ	AMBERG	JN59WK	FAOR	DF8RW	RGSB	U
R79	DB0QH	ARNSBERGER WALD	JO41DJ	FAOR	DK3EH	DTMD	O/Z
R79	DB0GL	BERGISCH-GLADBACH	JO30NX	FAOR	DD1KU	KLN	G
R79	DB0QD	BREMEN	JO43JC	FAOR	DC5BQ	BRM	I

KAN	RELAIS	STANDORT	LOC	BEM	VERANT	BAPT	DISTR
R79	DB0DTU	DRESDEN	JO61VA	FAOR	* DL4DTU	DRSD	S
R79	DB0RAM	FRIEDRICHSBRUNN/RAMBERG	JO51MQ	FAOR	* DD8OA	HAL	W
R79	DB0GBW	GRABOW	JO53WH	FAOR	DL2SUB	SCHW	V/Z
R79	DB0XQ	KARLSBAD-ITTERSBACH	JN48HV	FAOR	DJ2OT	KLRH	A
R79	DB0NQ	SCHLUECHTERN/SCHOPPENK.	JO40SI	FAORO	DG8FAC	FFM	F/Z
		Zusatz: dig.Sprachmailbox gekoppelt mit DB0TJ					
R80	DB0VT	BAMBERG	JN59KV	FAOR	DB2NY	NBG	B
R80	DB	BROTTEWITZ	JO61OL	FAO	* Y59WF	CTB	Y
R80	DB0VS	FELDBERG/SCHWARZWALD	JN47AU	FAOR	DJ3EN	FRB	A/Z
R80	DB0UW	GOSLAR/STEINBERG	JO51FV	FAOR	DJ4JI	HAN	H
R80	DB0SO	KOBLENZ-BOPPARD	JO30SH	FAOR	DK4PW	KBLZ	K/Z
R80	DB0XL	LUEBECK	JO53HX	FAOR	DL1HBB	HMB	E
R80	DB heb	PASEWALK/HELPTERBERG	JO63TL	FAO	* DL1NPN	NBBG	V
R80	DB0UR	RECKLINGHAUSEN/HALTERN	JO31NS	FAOR	DK5QP	MSTR	N/Z
R80	DB0RP	REGENSBURG	JN69BA	FAOR	DF7RN	RGSB	U/Z
R80	DB0TE	ULM-WEST	JN48VK	FAOR	DK5TO	STGT	P
R81	DB0ZE	HAMBURG-MOORFLEET	JO53BM	FAOR	DK6XU	HMB	E
R81	DB0CH	HOHER MEISSNER	JO41WF	FAOR	DB8AS	FFM	F
R81	DB0QE	KUEHNRIED/CHAM	JN69IH	FAOR	DB3RN	RGSB	U/AFG
R81	DB0BP	LUDWIGSBURG	JN48OV	FAOR	DC9AN	STGT	P
R81	DB0VX	MOENCHENGLADBACH	JO31FF	FAOR	DC9JO	DSSD	R
R81	DB0BL	NOERDLINGEN-HESSELBERG	JN59GB	FAOR	DL2QQ	MCHN	T
R81	DB0KX	VIERSEN	JO31EH	FAOR	DL1ER	DSSD	R/Z
R82	DB0BOR	BORKEN	JO31KU	FAOR	DL9YBZ	MSTR	N
R82	DB0SW	BREDSTEDT-BORDELUM	JO44LP	FAOR	DL2LAC	KIEL	M/Z
R82	DB0UX	DURLACH	JN48FX	FAOR	DK2DB	KLRH	A
R82	DB0SE	GEMUEND/EIFEL	JO30FN	FAOR	DD7KA	KLN	G
R82	DB huy	HALBERSTADT	JO51LX	FAO	* Y24XG	MGB	W
R82	DB0UI	MARBURG	JO40JT	FAOR	DL4FX	FFM	F/Z
R82	DB0VM	MUENCHEN-STADT	JN58RC	FAOR	DL8AQ	MCHN	C
R82	DB0TI	REUTLINGEN	JN48OL	FAOR	DK6TE	STGT	P/Z
R82	DB	SCHEIBENBERG	JO60KM	FA	* DG0JS	CHEM	S
R82	DB0TJ	SCHWEINFURT	JO50CB	FAOR	DL4NP	NBG	B
		Zusatz: dig.Sprachmailbox gekoppelt mit DB0NQ					
R82	DB sch	SCHWERIN	JO53QP	FAO	* Y21EB	SCHW	V
R82	DB0US	VECHTA	JO42DQ	FAOR	DH1BAL	BRM	I
R83	DB0IO	GROSS UMSTADT	JN49LU	FAOR	DL4FX	FFM	F/Z
R83	DB0ARH	HERRENBERG	JN48KO	FAOR	DL4SEJ	STGT	P
R83	DB0QG	OBERPFAELZER WALD	JN69GK	FAOR	DL4RAL	RGSB	U
R83	DB0PB	PADERBORN/BUEREN	JO41GN	FAOR	DK3GY	MSTR	N

KAN	RELAIS	STANDORT	LOC	BEM	VERANT	BAPT	DISTR
R83	DB0TG	TEUFELSMOOR	JO43JF	FAOR	DL2BB	BRM	I
R83	DB0CA	WUPPERTAL	JO31NH	FAOR	DB5EL	DSSD	R/Z
R84	DB0TN	BRANDENKOPF/HASLACH I.K.	JN48CI	FAOR	DC5GF	FRB	A
R84	DB0VH	HANNOVER	JO42XC	FAOR	DB3OA	HAN	H/Z
R84	DB0UL	KIEL	JO54BH	FAOR	DL8LAO	KIEL	M/Z
R84	DB0SK	KOELN	JO30LW	FAOR	DC9KJ	KLN	G
R84	DB0SC	KOENIGSHOFEN/TAUBERTAL	JN49TR	FAOR	DF8MT	KLRH	A
R84	DB0ZD	MITTAGBERG/ALLGAEU	JN57CN	FAOR	DF6CM	MCHN	T
R84	DB0PD	MUENSTER	JO31TW	FAOR	DF1QE	MSTR	N/Z
R84	DB0HAB	PETERSBERG/HALLE/SAALE	JO51XN	FAOR	* DL1HQA	HAL	W
R84	DB0UQ	RIMBERG	JO40ST	FAOR	DL4FX	FFM	F/Z
R85	DB0QC	BREMERHAVEN	JO43GN	FAOR	DJ9CN	BRM	I
R85	DB0EE	EMMERICH-ELTEN	JO31CV	FAOR	DF5EO	DSSD	L
R85	DB0NY	GUMMERSBACH	JO31TB	FAOR	DC0KX	KLN	G
R85	DB0IF	INSEL FEHMARN/PUTTGARDEN	JO54OM	FAOR	DD9LV	KIEL	M/Z
R85	DB0UY	LICHTENFELS →JO50MD	JO50NC	FAORO	DB1NV	NBG	B
R85	DB0MA	MANNHEIM	JN49GL	FAOR	DB3GK	KLRH	A
R85	DB0UG	PADERBORN/EGGEGEBIRGE	JO41LT	FAOR	DK2KK	MSTR	N
R85	DB0CP	PFAFFENHOFEN A.D.ILM	JN58RM	FAOR	DK7MI	MCHN	C/Z
R85	DB amk	STENDAL/DEQUEDE	JO52UT	FAO	* DC1OF	MGB	W
R86	DB0SG	BAD GODESBERG/DRACHENF.	JO30OQ	FAOR	DL1KCO	KLN	G
R86	DB0SX	BERLIN-KREISEL	JO62PK	FAOR	DL7AUV	BLN	D
R86	DB0SV	ESCHWEGE	JO51AE	FAOR	DK2BV	FFM	F
R86	DB0ST	GOEPPINGEN	JN48WQ	FAOR	DC1SO	STGT	P
R86	DB0QM	HEIDE/HOLSTEIN	JO44NE	FAOR	DF2LC	KIEL	M/Z
R86	DB0AF	LANDAU/DEGGENDORF	JN68MU	FAOR	DL9HG	RGSB	U
R86	DB0VL	LINGEN/EMS	JO32SM	FAOR	DJ8RI	BRM	I
R86	DB0VW	WOLFSBURG	JO52JK	FAOR	DL3AAR	HAN	H
R86	DB0ZT	ZWEIBRUECKEN	JN39OF	FAOR	DK2VD	KBLZ	K
R87	DB0XP	DEISTER	JO42SH	FAOR	DJ6JC	HAN	H
R87	DB0NA	ESSEN	JO31LJ	FAOR	DL4EAP	DSSD	L
R87	DB0HEL	INSEL HELGOLAND	JO34WE	FAOR	DK5HP	HMB	E
R87	DB0CI	PLETTENBERG/BALINGEN	JN48JF	FAOR	DF4UD	FRB	P/Z
R87	DA4FB	SANDKOPF/TRIER	JN39MQ	FAOR	DJ0SL	KBLZ	K
R87	DB0PM	SCHLIERSEE	JN57VT	FAOR	DF3MH	MCHN	C
R87	DB0CM	SELIGENSTADT	JO40LA	FAOR	DF5FJ	FFM	F
R87	DB0RQ	STIFTLAND	JN69ES	FAOR	DL9RM	RGSB	U
R87	DB0WOF	WOLFEN	JO61DQ	FAOR	* DL1HWO	HAL	W
R88	DB0NO	BERGHEIM	JO30IX	FAOR	DL5KB	KLN	G
R88	DB0PC	BUNGSBERG	JO54IF	FAOR	DK6XU	KIEL	M

KAN	RELAIS	STANDORT	LOC	BEM	VERANT	BAPT	DISTR
R88	DB blh	EISLEBEN/MANSFELD	JO51RM	FAO	* Y23OH	HAL	W
R88	DB0PL	HERTEN/WESTERHOLT	JO31NO	FAOR	DD8QK	MSTR	N
R88	DB0ZP	LINSBURG/HANNOVER	JO42PN	FAOR	DK3FU	HAN	H/Z
R88	DB0AV	ROSENHEIM	JN67BU	FAOR	DF7MK	MCHN	C
R88	DB0IW	SCHOTTEN/VOGELSBERG	JO40OM	FAOR	DL4FX	FFM	F/Z
R88	DB0NZ	TUEBINGEN	JN48MN	FAOR	DL4TA	STGT	P
R89	DB0NX	ALTENA	JO31TH	FAOR	DB8DP	DTMD	O
R89	DB0GJ	ERLANGEN	JN59MO	FAOR	DF9NR	NBG	B
R89	DB0RO	LANDAU/PFALZ	JN39VH	FAOR	DD0IB	KBLZ	K
R89	DB0HT	TOSTEDT	JO43UG	FAOR	DL1HCR	HMB	E
R89	DB0AKO	TRAUNSTEIN	JN67HT	FAOR	DF7MW	MCHN	C
R89	DB0KE	WAECHTERSBACH/KINZIGTAL	JO40OE	FAOR	DB2FB	FFM	F
R89	DB0EOO	WITTHOH/TUTTLINGEN	JN47KX	FAOR	DF6UD	FRB	P
R90	DB0LN	BITBURG/PUETZHOEHE/EIFEL	JO30GA	FAOR	DD3PM	KBLZ	K
R90	DB0NAI	DOEBRABERG/FRANKENWALD	JO50TG	FAOR	DG9NCL	NBG	B
R90	DB0LR	MARL-HUELS	JO31NQ	FAOR	DK5QY	MSTR	N/Z
R90	DB0NP	SINSHEIM/KRAICHGAU	JN49KF	FAOR	DF1YD	KLRH	A
R90	DB0NN	VERDEN/ALLER	JO42OW	FAOR	DF9BJ	BRM	I
R91	DB0PJ	BREMERVOERDE	JO43ML	FAOR	DL4BBD	BRM	I
R91	DB0AC	KRONBURG/MEMMINGEN	JN57CW	FAOR	DC9UL	MCHN	T
R91	DB0YE	LOERRACH/BLAUEN	JN37VS	FAOR	DJ8PK	FRB	A/Z
R91	DB0MI	MILTENBERG	JN49PS	FAOR	DD2NK	NBG	B
R91	DB0OR	OSTERODE	JO51ER	FAOR	DG7AO	HAN	H
R91	DB0EN	SPROCKHOEVEL	JO31OH	FAOR	DB4DU	DTMD	O
R92	DB0AA	AALEN/VOLKMARSBERG	JN58BS	FAOR	DL2SAT	STGT	P
R92	DB0THB	GROSSER INSELSBERG/SUHL	JO50FV	FAOR	DL4APR	EFT	X
R92	DB0GHB	GUESTROW/HEIDBERG	JO63CS	FAOR	* DL5SXB	NBBG	V
R92	DB0FUS	HANNOVER	JO42UJ	FAOR	* DG4OAC	HAN	H/Z
R92	DB0MKV	MEINERZHAGEN	JO31VC	FAOR	DJ2DD	DTMD	O
R92	DB0KON	RUINE KUESSABURG	JN47EO	FAORO	DB7GV	FRB	A/Z
R92	DB0NGU	WILSUM/LINGEN	JO32KM	FAOR	DJ6UZ	BRM	I/Z
R92	DB wbg	WITTENBERG	JO61HV	FAO	* DL8HSV	HAL	W
R93	DB ham	HAMM/WESTF.	JO31VP	FAO	* DJ8TM	DTMD	O
R93	DB0BGK	SCHWANBERG/KITZINGEN	JN59DR	FAOR	* DB8NZ	NBG	B
R93	DB0TFM	TEUFELSMUEHLE/MURGTAL	JN48ES	FAOR	DG5GAF	KLRH	A
		Kopplung mit dig.Sprachmailbox Gernsbach gepl					
R94	DB0LBM	MUENCHEN (SPRACHMAILBOX)	JN58SD	FAOR	* DL8MBT	MCHN	C
		dig. Sprachmailbox gekopp. mit Regensbg. 0LBR					
R94	DB lbn	NUERNBERG	JN59NK	FAO	* DD9NW	NBG	B/Z
		dig. Sprachmailbox gek. mit DB0LBM u. DB0LBR					

KAN	RELAIS	STANDORT	LOC	BEM	VERANT	BAPT	DISTR
R94	DB ssm	SALZGITTER	JO52DD	FAO	* DL4AAS	HAN	H
		dig. Sprachmailbox, Diversity mit DB0ANT					
R94	DB ant	WOLFENBUETTEL	JO52GE	FAO	* DF7AY	HAN	H
		dig. Sprachmailbox, Diversity mit DB0SSM					
R95	DB ces	CELLE	JO52BP	FAO	* DL2OAM	HAN	H
		dig. Sprachmailbox, gek. mit SALZG.+WOLFENB.					
R95	DB0LBR	REGENSB. (SPRACHMAILBOX)	JN69BA	FAOR	* DL5RL	RGSB	U
		dig. Sprachmailbox gekopp. mit Muenchen 0LBM					
R97	DB ulr	MUENCHEN STADT	JN58TD	FAO	* DK8CI	MCHN	C
R97	DB0SBA	VILLINGEN/SCHWARZWALD	JN48FB	FAOR	DL1GFM	FRB	A
R97	DB0VA	WIESBADEN/HOHE WURZEL	JO40BC	FAOR	DC9ZB	FFM	F/Z
R98	DB0GZ	ALFELD (LEINE)	JO41WX	FAOR	DB4OF	HAN	H
R98	DB0NR	BAD HERSFELD	JO40VU	FAOR	DD0ZB	FFM	F
R98	DB0DR	DUISBURG	JO31JK	FAOR	DL4ES	DSSD	L/AGAM
R98	DB0LD	KUENZELSAU	JN49TH	FAOR	DL5TQ	STGT	P
R98	DB mel	LEIPZIG	JO61EI	FAO	* DH0LWM	LPZG	S
R98	DB0PR	NEUMUENSTER/ARMSTEDT	JO43WX	FAOR	DL4LAA	KIEL	M
R98	DB0OFF	OFFENBACH	JO40JC	FAOR	DL4FX	FFM	F/Z
R99	DB0CUX	CUXHAVEN-ALTENBRUCH	JO43JU	FAOR	DJ9CR	HMB	E
R99	DB	ERFURT	JO50MX	FAO	* DL3AXI	EFT	X/Z
R99	DB0PX	ESCHBORN	JO40GD	FAOR	DL7FAI	FFM	F
R99	DB dbr	JENNEWITZ/BAD DOBERAN	JO54VC	FAO	* DC5BT	RST	V
R99	DB0PQ	JUELICH	JO30FW	FAOR	DD8ET	KLN	G
R99	DB0OVL	LANDSHUT	JN68BM	FAOR	* DL2RBI	MCHN	U
R99	DB0JP	MINDEN	JO42KG	FAOR	DL3YCN	MSTR	N
R99	DB0HM	PFORZHEIM	JN48IV	FAOR	DJ2RN	KLRH	A
R99	DB0LC	SCHEIDEGG/ALLGAEU	JN47WO	FAOR	DL1GBC	MCHN	T
R..	DB saa	SAALFELD	JO50QP	FA	* DL6ARZ	EFT	X
R.. ?	DB	BAD SALZUNGEN/BERG KISSEL	JO50DV	FA	* DG0PK	EFT	X
R100	DB0ANU	ANSBACH	JN59HH	FAOR	DJ9AT	NBG	B/Z
R100	DB0HW	BAD HARZBURG-TORFHAUS	JO51FT	FAOR	DL8OAI	HAN	H/Z
R100	DB0GRZ	GOERLITZ	JO71LD	FAOR	Y42SL	DSDN	S
R100	DB0DM	GRUENTEN/ALLGAEU	JN57EN	FAOR	DJ7DW	MCHN	T
R100	DB0CT	HANAU	JO40KD	FAOR	DF3FF	FFM	F
R100	DB0RL	KLEINER HECKBERG	JO30QW	FAOR	DL5KL	KLN	G/Z
R100	DB0PG	LAHR	JN38WI	FAOR	DL9QD	FRB	A
R100	DB0EB	LEER/OSTFRIESLAND	JO33SF	FAOR	DL2BV	BRM	I/Z
R101	DB0LZ	BAD SAECKINGEN	JN47AN	FAOR	DK9IG	FRB	A
R101	DB0PI	BERLIN	JO62QM	FAOR	DL7OU	BLN	D/Z
R101	DB0RD	FRANKFURT-WEST	JO40HC	FAOR	DH1FAB	FFM	F

KAN	RELAIS	STANDORT	LOC	BEM	VERANT	BAPT	DISTR
R101	DB0JEN	JENA	JO50TW	FAOR	* Y22VJ	ERF	X
R101	DB0KB	KOETERBERG	JO41PU	FAOR	DF7QM	MSTR	N/Z
R101	DB0LP	PARSBERG	JN59UD	FAOR	DK1RP	RGSB	U
R101	DB0GN	RHEINBACH	JO30LN	FAOR	DL1KCO	KLN	G
R101	DB0GK	VAIHINGEN-ENSINGEN	JN48LX	FAOR	DC9AN	STGT	P
R20	DB0YD	DUISBURG →RS15	JO31JK	FAOR	DG7JJ	DSSD	L/Z
R20	DB0EX	GIESSEN →RS10	JO40IO	FAOR	DL6FBS	FFM	F
R20	DB0EC	SAARBRUECKEN/HOLZ →RS16	JN39MI	FAOR	DC9VY	SBR	Q
R20	DB0MO	STUTTGART →RS10	JN48OR	FAOR	* DK9SJ	STGT	P
R22	DB0QR	ESSEN →RS12	JO31LJ	FAOR	* DL4EAP	DSSD	L
R22	DB0VZ	FELDBERG/TS. →RS08	JO40FF	FAOR	* DL4FX	FFM	F/Z
R22	DB0KD	KARLSBAD-ITTERSBACH →RS23	JN48HV	FAOR	DJ2OT	KLRH	A
R22S	DB0DK	WENDELSTEIN →RS20	JN67AQ	FAOR	DD0YQ	MCHN	C
R24	DB0NT	HAMBURG-MITTE →RS12	JO43XN	FAOR	DF7HI	HMB	E
R24	DB0MD	LANDAU/PFALZ →RS25	JN49AF	FAOR	DD0IB	KBLZ	K
R24	DB0MK	MARBURG →RS14	JO40JT	FAOR	DJ8QV	FFM	F/AFT
R24	DB0PK	MARKTREDWITZ →RS14	JO60BA	FAOR	DG4NCF	NBG	B
R24	DB0BZ	MOENCHENGLADBACH →RS10	JO31FF	FAOR	DL1ER	DSSD	R/Z
R24	DB0YM	MUENSTER →RS14	JO31TX	FAORF	DD0QT	MSTR	N
R24S	DB0HI	TRAUNSTEIN/HOCHBERG →RS14	JN67HT	FAOR	DF7MW	MCHN	C
R26	DB0RJ	BAD GODESBERG →RS20	JO30PR	FAOR	DC3KF	KLN	G
R26	DB0NE	DORTMUND-SCHNEE →RS16	JO31SL	FAOR	DF7DL	DTMD	O/Z
R26	DB0RF	HANAU →RS16	JO40KD	FAOR	DF3FF	FFM	F
R26	DB0GT	HOMB.-BEXB./HOECHEN →RS10	JN39PJ	FAORO	DF1VK	SBR	Q
R26	DB0FZ	KAISERSTUHL/FREIBURG →RS22	JN38UB	FAORO	DJ8PK	FRB	A/Z
R26S	DB0BK	MUENCHEN →RS16	JN58RC	FAOR	DG5CAK	MCHN	C
R28	DB0PH	DONAU-BUSSEN →RS17	JN48QF	FAORO	* DL4TD	FRB	P
R28	DB0TO	HAGEN-SCHWERTE →RS17	JO31SI	FAOR	DJ8FB	DTMD	O
R28	DB0PF	LUEBECK →RS14	JO53IU	FAOR	DL1HBB	HMB	E
R28	DB0PT	WIESBADEN →RS19	JO40DB	FAORF	DC9ZB	FFM	F/Z
R28	DB0EH	WUERZBURG →RS18	JN49WS	FAOR	* DB8NU	NBG	B
R29	DB0LU	KAISERSLAUTERN →RS17	JN39VK	FAOR	* DJ6VS	KBLZ	K/Z
R29	DB0LEV	LEVERKUSEN →RS26	JO31MB	FAOR	DL4KX	KLN	G
R29	DB0LV	PADERBORN/UNIVERSIT. →RS19	JO41JR	FAOR	DF9QK	MSTR	N
R30	DB0BV	BOELLSTEIN →RS20	JN49LS	FAOR	DL6ZL	FFM	F
R30	DB0COE	COESF./SCHOEPPINGEN →RS20	JO32OC	FAOR	DL2YCF	MSTR	N/Z
R30	DB0EU	NIDEGGEN-SCHMIDT →RS14	JO30FQ	FAOR	DF7KF	KLN	G
R31S	DB0KOR	BERLIN →RS17	JO62PN	FAOR	* DL7ADL	BLN	D
R32	DB0NB	FRANKFURT-WEST →RS24	JO40HD	FAOR	DD0ZR	FFM	F
R32	DB0TZ	HALTERN →RS11	JO31NS	FAOR	DK5QP	MSTR	N/Z

KAN	RELAIS	STANDORT	LOC	BEM	VERANT	BAPT	DISTR
R32	DB0XV	HAMBURG-MITTE →RS15	JO43XN	FAOR	DJ8KV	HMB	E
R32	DB0MX	LUDWIGSB./BACKNANG →RS22	JN49SB	FAOR	DK5SH	STGT	P/Z
R32	DB0HR	ROTENBURG →RS20	JO40XX	FAOR	* DL4FAR	FFM	F
R33	DB0BA	BERGISCH-GLADBACH →RS22	JO30NX	FAOR	DD1KU	KLN	G
R34	DB0UM	DURLACH →RS12	JN48FX	FAORA	DK2DB	KLRH	A
R34	DB0FK	KOBLENZ →RS23	JO30SH	FAOR	DK4PW	KBLZ	K/Z
R34	DB0CE	NUERNBERG-MORITZB. →RS25	JN59PL	FAOR	DL5NBZ	NBG	B
R34	DB0STA	STADE →RS25	JO43RO	FAOR	DB8HO	HMB	E
R34	DB0CW	WESEL →RS23	JO31HP	FAOR	DL3QP	MSTR	L
R35	DB0EM	BUEREN →RS25	JO41GN	FAOR	DK3GY	MSTR	N
R35	DB0LT	SINDELFING./BOEBLING. →RS19	JN48KP	FAOR	DL8SBO	STGT	P
R36	DB0SN	GOETTINGEN-WEST →RS26	JO41VL	FAOR	DK5AH	HAN	H
R36	DB0DE	KAARST →RS19	JO31HF	FAOR	DH9EAX	DSSD	R
R36	DB0YU	MELIBOKUS/DARMST. →RS26	JN49HR	FAOR	DK4FF	FFM	F
RS08	DB0GLA	GLADBECK	JO31LN	FAOR	* DF1QM	MSTR	L
RS10	DB0HNW	HAMBURG	JO53DL	FAOR	* DL1HAB	HMB	E
RS10	DB bat	KOERKWITZ/RIBNITZ	JO64EG	FAO	* DL9GST	RST	V
RS11	DB0SAQ	HEILBRONN	JN49MA	FAOR	DL1SAX	STGT	P
RS11	DB0SWQ	REGENSBURG	JN69BA	FAOR	* DK5RQ	RGSB	U
RS11	DB sm	STEINHUDER MEER/RODENB.	JO42QH	FA	* DL2OBX	HAN	H
RS12	DB0RI	BAD PYRMONT	JO41PX	FAOR	* DL6YDH	MSTR	H
RS12	DB th	WALDSTEIN/FICHTELGEBIRGE	JN50WC	FAO	* DL6NAA	NBG	B/Z
RS13	DB0PET	PETERSBERG/HALLE/SAALE	JO51XN	FAOR	* DL1HQA	HAL	W
RS13	DB	WALDMICHELBACH	JN49JN	FAO	* DJ0MAB	FFM	F
RS14	DB0KPA	HELMSTEDT	JO52LF	FAOR	* DJ7GD	HAN	H
RS14	DB0NOD	NORDEN	JO33QQ	FAOR	* DG7BBZ	BRM	I
RS14	DB	OSCHATZ	JO61MH	FA	* Y22QN	CHEM	S/Z
RS14	DB0SBG	SCHWAEBISCH GMUEND	JN48WS	FAOR	* DG3SBI	STGT	P
RS15	DB0DIE	DIEPHOLZ/DAMMER BERGE	JO42CN	FAOR	* DB5WK	BRM	I
RS15	DB0KAI	DONNERSBERG	JN39VP	FAOR	* DF1IG	KBLZ	K
RS15	DB0REU	REUTLINGEN	JN48NM	FAOR	DK6TE	STGT	P/Z
RS15	DB0CHA	ROSSBACH/WALD	JN69ED	FAOR	DL8RX	RGSB	U
RS15	DB0SOL	SOLINGEN →RS28-	JO31NE	FAORO	* DL4JY	MHR	R
RS15	DB aao	WOLFENBUETTEL	JO52GE	FA	* DG2AAO	HAN	H
RS16	DB0BAR	DEISTER/BARSINGHAUSEN	JO42SG	FAOR	* DJ6JC	HAN	H
RS16	DB esb	KOENGEN/NECKAR	JN48QS	FA	* DB1SS	STGT	P
RS16	DB0LIC	LICHTENFELS	JO50NC	FAOR	* DB1NV	NBG	B
RS17	DB0HEF	BAD HERSFELD	JO40VU	FAOR	* DK8WY	FFM	F
RS17	DB trw	WOLFSBURG	JO52IJ	FAO	* DL2MD	HAN	H
RS18	DB0AGS	AUGSBURG	JN58KJ	FAOR	* DD2CG	MCHN	T

KAN	RELAIS	STANDORT	LOC	BEM	VERANT	BAPT	DISTR
RS18	DB0SWF	BADEN-BADEN	JN48DS	FAOR	DK4NH	FRB	A
RS18	DB	BELL	JO30OL	FA	* DB6KH	KBLZ	K
RS20	DB0KIL	KIEL	JO54BH	FAOR	* DL8LAO	KIEL	M/Z
RS20	DB0VED	VERDEN/ALLER	JO42OW	FAOR	* DF9BJ	BRM	I
RS20	DB0RAK	WEIDEN	JN69CQ	FAOR	* DG9RAK	RGSB	U/Z
RS21	DB	GROSS-GERAU	JN49GW	FAO	* DD2ZM	FFM	F
RS21	DB0SWP	RECKLINGHAUSEN	JO31NO	FAOR	* DH1YAG	MSTR	N
RS21	DB ros	ROSSBERG/HERRENBERG	JN48NJ	FA	* DL8SCU	STGT	P
RS21	DB0PRF	TEGELBERG/SCHWABEN	JN57JN	FAOR	DL9MDR	MCHN	T
RS23	DB0KIS	BAD KISSINGEN	JO40XH	FAOR	DL2NDK	NBG	B
RS23	DB0DTL	BORGENTREICH-MANRODE	JO41QN	FAOR	* DK2JA	MSTR	N
RS23	DB sws	TEUFELSMOOR	JO43JF	FAO	* DL2BB	BRM	I
RS24	DB0WAT	BOCHUM	JO31OK	FAOR	* DL5DAN	DTMD	O
RS24	DB	SCHOEMBERG/LANGENBRAND	JN48HT	FA	* DL4SAC	STGT	P/Z
RS24	DB0ET	ZUGSPITZE	JN57LL	FAOR	* DJ3YB	MCHN	C
RS25	DB0OKE	BRAUNSCHWEIG	JO52FG	FAOR	* DB6XS	HAN	H
RS25	DB0EEO	EMMERICH-ELTEN	JO31CV	FAOR	* DF5EO	DSSD	L
RS25	DB	RHEINBACH-TODENFELD	JO30LN	FAOO	* DB6KH	KLN	G
RS25	DB	SCHLUECHTERN/SCHOPPENK.	JO40SI	FAOO	* DF3FM	FFM	F/Z
RS26	DB0BAM	BAMBERG	JN59MU	FAOR	* DL1NAT	NBG	B/Z
RS26	DB0BRE	BREMEN	JO43JB	FAOR	DC5BQ	BRM	I
RS26	DB hus	HUSUM	JO44ML	FAO	* DL3HS	KIEL	M
RS26	DB0LIN	SCHEIDEGG/ALLGAEU	JN47WO	FAOR	* DL1GBC	MCHN	T
RS26	DB0WAL	WALDKRAIBURG	JN68EE	FAOR	* DL1MFH	MCHN	C
RS27	DB	WATTENSCHEID	JO31NL	FA	* DG8DP	DTMD	O
RS28-	DB smb	SALZGITTER dig. Sprachmailbox	JO52DD	FAO	* DL4AAS	HAN	H
R12	DB0HOG	BORGENTREICH-MANRODE	JO41QN	FAOR	* DK2JA	MSTR	N
R12	DB0KY	FILDERSTADT	JN48OP	FAOR	* DF5SL	STGT	P
R12	DB0PS	MELIBOKUS/DARMSTADT	JN49HR	FAOR	DK4FF	FFM	F
R12	DB0LW	OELBERG/SIEBENGEBIRGE	JO30PQ	FAOR	* DG5KI	KLN	G
R12	DB0OAZ	TRAUNSTEIN/HOCHBERG	JN67HT	FAOR	DF7MW	MCHN	C
R13	DB	ESSEN	JO31LJ	F	* DD8EO	MHR	L
R13	DB0ZC	FELDBERG/TS.	JO40FF	FAOR	* DL4FX	FFM	F/Z
R13	DB0AFG	GOETTINGEN	JO41XN	FAOR	* DF8AX	HAN	H
R13	DB ism	ISMANING	JN58UF	FA	* DG2MF	MCHN	C
R13	DB0GHZ	LANDAU/PFALZ	JN49AF	FAOR	DD0IB	KBLZ	K
R13	DB0AKA	LUDWIGSBURG/BACKNANG	JN49SB	FAOR	* DC7TU	STGT	P
R14	DB	WALDMICHELBACH	JN49JN	FAO	* DJ0MAB	FFM	F

MULTI BAND RECEIVER

7 Wetterfunk

7.1 Allgemeines

Um aktuelle Wetterberichte jederzeit und überall empfangen zu können, arbeiten Sendestationen der Vorhersagezentren überall auf der Welt.

Für die Wetterprognose werden sehr komplexe Großrechner benutzt, um eine annähernd korrekte Prognose zu erstellen. Wurden bislang diese Wetterdaten hauptsächlich über Kurzwelle abgestrahlt, so werden heute immer häufiger Satelliten zur Übermittlung und gleichzeitiger Bildübertragung eingesetzt, die im Bereich von 136-138 MHz senden.

Für die Auswertung dieser Ausstrahlungen werden ein Computer und ein Decoder benötigt. Wenden wir uns jedoch dem einfachen Scanner zu, mit dem wir ohne zusätzliche Gerätschaften folgende Wettermeldungen hören können:

7.2 ATIS

Da gibt es die ATIS-Meldungen, die automatisch Flugplatzwetterinformationen von einem Tonband aussenden. Diese stündlich aktualisierten Meldungen enthalten Name des Flugplatzes, Kennbuchstabe, Start/Landebahnzustand und Betrieb, Uhrzeit, Platzwetter, Einschränkungen usw.

ATIS-Meldungen werden ausgestrahlt von:

Flughafen	Frequenz in MHz
Bremen	117.450
Düsseldorf	115.150
Frankfurt	118.025, 114.200, 108.200
Hamburg	124.275, 113.100, 108.000, 115.100
Hannover	121.850, 115.200
Köln-Bonn	119.025, 112.150
München	118.375
Nürnberg	124.325
Saarbrücken	113.850
Stuttgart	126.125, 109.200, 112.500

7.3 VOLMET

VOLMET-Sendungen werden von internationalen Verkehrsflughäfen ausgestrahlt, welche das Platzwetter für mehrere Flughäfen enthalten. In Deutschland werden diese VOLMET-Sendungen nur in Frankfurt und Bremen ausgestrahlt.

Frankfurt strahlt hierbei zwei VOLMET-Sendungen aus:

Frankfurt I 127.600 MHz	Frankfurt, Brüssel, Amsterdam, Zürich, Genf, Basel, Wien, Prag, Paris
Frankfurt II 135.775 MHz	Frankfurt, Köln-Bonn, Düsseldorf, Stuttgart, Nürnberg, München, Hamburg,Berlin
Bremen 127.400 MHz	Bremen, Hannover, Hamburg, Köln-Bonn, Frankfurt, Berlin, Kopenhagen, Amsterdam

VOLMET-Sendungen enthalten ähnliche Meldungen wie ATIS, was das Wetter betrifft. Jedoch geben sie mehr Aufschluß über die Bewölkung, wie z. B. Wolkentyp, Bedeckungsgrad und Höhe über Grund.

Viele Scanner enthalten eine „WX“ Funktion. Mit dieser Taste kann in den Vereinigten Staaten von Amerika direkt auf die abgestrahlten Wetterfrequenzen zugegriffen werden. Leider ist diese Bereichsnutzung in Europa nicht möglich.

8 Flugfunk

8.1 Allgemeines

Dem beweglichen Flugfunkdienst ist folgender Frequenzbereich zugeordnet:

118.000 MHz bis 136.000 MHz

Das Kanalraster beträgt 25 KHz, so daß es insgesamt 720 Kanäle gibt (25 KHz mal 720 ergibt 18 MHz). Als Modulationsart wird *Amplitudenmodulation* (AM) verwendet. Der Scanner muß also auf AM geschaltet werden. Neuere Flugfunkgeräte verfügen jedoch über 760 Kanäle und decken damit den Frequenzbereich von 118.000 MHz bis 136.975 MHz ab. Die Betriebsart ist Wechselsprechen.

Im Anschluß an den zivilen Bereich liegt am oberen Ende der militärische Bereich mit folgenden Grenzen:

138.000 MHz bis 142.000 MHz

Im UHF-Bereich stehen folgende Frequenzen zur Verfügung:

230.000 MHz bis 328.000 MHz	(Notfrequenz: 243.000 MHz)
328.000 MHz bis 336.000 MHz	Navigation
336.000 MHz bis 400.000 MHz	

Die folgende Übersicht enthält einige der wichtigsten englischen Begriffe, die im Funkverkehr immer wieder vorkommen, und deren Bedeutung.

Fachbegriff	Bedeutung
Approach	Anflugkontrolldienst
Departure	Abflugkontrolldienst
Ground	Rollkontrolle
Apron	Vorfeld
Request	Erbitte...
Confirm	Bestätigen Sie
Cleared	Freigabe
Approved	Genehmigt
Report	Melden Sie...
Affirmative	Ja
Negative	Nein
Correct	Richtig
Verify	Überprüfen Sie...
Say again	Wiederholen Sie
Read back	Wiederholen Sie wörtlich
Wilco	Wird ausgeführt
Maintain	Beibehalten
Climb	Steigen
Descend	Sinken
Continue	Fortsetzen
Downwind	Gegenanflug
Base	Queranflug
Final	Endanflug

8.2 Frequenzzuweisungen im VHF-Bereich

Flugfunk von 118.000 bis 135.975 MHz

Verwendete Abkürzungen:

ACC	Area Control Centre (Bezirkskontrollstelle)
APP	Approach Control (Anflugkontrolle)
ATIS	Automatic Terminal Information System (Automatische Ausstrahlung von Start- und Landeinformationen)
BAR	Belgian Army (Belgisches Heer)
CAF	Canadian Air Force (Kanadische Luftwaffe)
FIS	Flight Information Service (Fluginformationsdienst)
GAF	German Air Force (Deutsche Luftwaffe)
GAM	German Army (Deutsches Heer)
GCA	Ground Controlled Approach (Spez. Anflugverfahren)
GNY	German Navy (Deutsche Marine)
GROUND	Rollkontrolle
PAR	Precision Approach RADAR (Präzisionsanflugradar)
RAF	Royal Air Force (Britische Luftwaffe)
RDO	Radio (Funk)
TWR	Tower (Turm)
VOLMET	MET Information (Wetterinformation)
UAC	Upper Airspace Control (Kontrolle Oberer Luftraum)
USAF	US Air Force (US Luftwaffe)
USAR	US Army (US Heer)

B	Belgien
D	Deutschland
DK	Dänemark
F	Frankreich
N	Niederlande
Ö	Österreich
S	Schweiz
T	Tschechische Republik

118.000	Aigen TWR	Ö
	Dresden TWR/TURM	D
	Prunay INFO	F
	St.Cyr TWR	F
	Zürich APP	S
118.025	Frankfurt ATIS	D
118.050	Tulln APP	Ö
	Hannover APP	D
118.075	Speyer INFO	D
118.100	Klagenfurt TWR	Ö
	Salzburg TWR	Ö
	Wien TWR	Ö
	Berlin Tempelhof TWR	D
	Kassel TWR	D
	Nürnberg GROUND	D
	Copenhagen Kastrup TWR	DK
	Bron TWR	F
	Vichy TWR	F
	Amsterdam Schiphol TWR	N
	Lembourg TWR	L
	Zürich TWR	S
	Praha TWR	T
118.200	Guenzburg TWR	D
	Juist INFO	D
	Norden INFO	D
118.150	Laachen	D
	Tannhausen	D

118.200	Gratz TWR	Ö
	Friedrichshafen TWR	D
	Siegerland INFO	D
	Weiden INFO	D
	Annency PARAM	D
	Rotterdam TWR	N
118.225	Augsburg TWR	D
118.250	Brussels APP	B
	Freiburg INFO	D
	Wyk/Föhr INFO	D
118.275	Berlin Schönefeld PAR	D
	Aalborg TWR	DK
	Bale-Mulhose TWR	F
	Chambery TWR	F
	Deauville TWR	F
	Bratislava TWR	T
	Praha PAR	T
118.300	Berlin Schönefeld TWR	D
	Düsseldorf TWR/TURM	D
	Nürnberg TWR	D
118.325	Hirzenhain INFO	D
118.350	Berlin Tegel AIRPORT	D
	Beilngries INFO	
	Bielefeld INFO	D
	Saarbrücken TWR	D
	Lille TWR	F
	Sitterdorf RDO	S
118.375	München ATIS	D

118.400	Metz TWR	F
	Amsterdam Schiphol ARR	N
118.425	Eggenfelden INFO	D
	Dachau INFO	D
	Dinkelsbühl INFO	D
	Lager Hammelburg INFO	D
118.450	Bayreuth TWR	D
	Lembourg APP	L
118.500	Gent INFO	B
	Bremen TWR	D
	Frankfurt APP	D
	Gunzenhausen INFO	D
	Lemmwerder INFO	D
	GAF Neubibberg TWR	D
	Bfort Fontaine TWR	F
118.550	Zeltweg TWR	Ö
118.525	Dierdorf-Wienau INFO	D
	Kulmbach INFO	D
	Tirstrup	DK
118.550	Saarbrücken TWR	D
	Arnbruck INFO	D
	Friedland FIS	D
	Sion TWR	S
118.575	Bremen TURM	D
	Langenfeld INFO	D
118.600	Voslau INFO	Ö
	Brussels TWR	B
	Lübeck Blankensee INFO	D
	Stuttgart RADAR	D
	Chalon PARAM	F
118.625	Ganderkesee INFO	D
	Kirchdorf INFO	D
	Regensburg-Oberhub	D

118.650	Düsseldorf RADAR	D
	Saint Etienne APP	F
118.675	Osnabrück INFO	D
118.700	Zeltweg TWR	Ö
	Oostende TWR	B
	Berlin Tegel TWR	D
	München TWR	D
	Northeim INFO	D
	Sonderborg TWR	DK
	Eelde TWR	N
	Geneva TWR	S
	Bratislava PAR	T
118.725	Altenrhein TWR	S
	Coburg INFO	D
118.750	Düsseldorf ACC	D
118.775	Egelsbach TWR	D
118.800	Linz TWR	Ö
	Stuttgart TWR	D
	Amsterdam RADAR	N
118.850	Samedan TWR	S
118.900	Tulin TWR	Ö
	Hof TWR	D
	Roskilde TWR	DK
	Loudes INFO	F
	FAF Reims Cham. TWR	F
	Amsterdam Schiphol TWR	N
	Bern TWR	S

118.950	Innsbruck APP	Ö
	Dortmund TWR	D
118.975	RNAF Woensdrecht TWR	N
	Nürnberg APP	D
119.000	Billund TWR	DK
	Charleville PARAM	F
	Colmar-Houssen TWR	F
	Macon PARAM	F
	Eplatures INFO	S
	Praha APP	T
119.025	Köln/Bonn ATIS	D
119.050	München RADAR	D
	Amsterdam Schiphol DEP	N
	Les Eplatures RDO	S
119.100	Copenhagen Kastrup APP	DK
	Gap INFO	F
	RNN Dekooy APP	N
	Brno APP	T
119.150	Frankfurt RADAR	D
	St. Peter-Ording INFO	D
	Le Havre TWR	D
119.175	Vilshofen INFO	D
119.200	Stuttgart APP	D
	Stadtlohn INFO	D
	Champol INFO	F

119.250	Bonn-Hangelar INFO	D
	Lyon APP	F
	Strasbourg Neuhof TWR	F
	Midden Zeeland RDO	N
119.275	Liege Bierset APP	B
119.300	Graz APP	Ö
	Berlin Tempelhof APP	D
	Thisted INFO	DK
	Grenoble St. Geoirs TWR	F
	Metz APP	F
	Texel RDO	N
	Lommis RDO	S
119.350	Braunschweig TWR	D
	Copenhagen Kastrup APP	DK
	Bale-Mulhouse APP	F
119.400	Düsseldorf APP	D
	Illertissen INFO	D
	Dole TWR	F
	München TURM	D
119.450	Klagenfurt APP	Ö
	Kortrijk Wevelgem TWR	B
	Bremen APP	D
	Bron APP	F
119.475	Nürnberg APP	D
	RDAF Vaerloese APP	DK
119.500	Brussels Grimbergen TWR B	
	Berlin-Schoenefeld APP	D
	St. Yan APP	F

119.525	Nürnberg APP	D
	Karup TWR	DK
119.550	Oberpfaffenhofen TWR	D
	Copenhagen	DK
	Fricktal Schupfart RDO	S
119.600	Hannover APP	D
	Roenne INFO	DK
	Mende PARAM	F
	Nancy Essey TWR	F
119.650	USAF Ramstein APP	D
	RDAF Skrydstrup APP	DK
119.700	Kapfenberg INFO	Ö
	Wels INFO	Ö
	Zell am See INFO	Ö
	Antwerp TWR	B
	BGA RADAR Semmerzake	B
	Brussels Grimbergen TWR B	
	Charleroi Gosselies APP B	
	Liege Bierset TWR	B
	Spa INFO	B
	St. Hubert RDO	B
	Berlin Schönefeld TURM	D
	Berlin Tegel TURM	D
	CLUT RADAR	D
	RAF Gütersloh APP	D
	RAF Laarbruch APP	D
	RAF Wildenrath TWR	D
	Berlin Schönefeld TWR	D
	Cottbus APP	D
	Dresden APP	D
	Erfurt TURM	D

	Friedland APP	D
	Leipzig APP	D
	Bale-Mulhouse TWR	F
	FAF Colmar APP	F
	Dijon TWR	F
	FAF Leuil TWR	F
	Nancy Ochey TWR	F
	Melun TWR	F
	Metz TWR	F
	Phalsbourg	F
	Strasbourg APP	F
	FAF St. Dizier TWR	F
	FAF Toul Rosieres APP	F
	Beek TWR	N
	Eelde TWR	N
	Rotterdam TWR	N
	RNAF Twenthe APP	N
	Bern TWR	S
	Geneva TWR	S
	Grenchen TWR	S
	Saanen INFO	S
	Zürich TWR	S
	Bratislava APP	T
	Praha TWR	T
119.750	Linz APP	Ö
	Amougies INFO	B
	Essen/Muehlheim INFO	D
	CF Lahr TWR	D
	Sylt TWR Westerland	D
119.775	Muehldorf INFO	D
119.800	Wien APP	Ö
	Hassfurt INFO	D

	Copenhagen APP	DK
	FAF Reims APP	F
119.825	Bremen FIS	D
119.900	Frankfurt TWR	D
	Konstanz INFO	D
	Schwandorf INFO	D
	Copenhagen Kastrup TWR	DK
	Tirstrup GCA	DK
	Geneva TWR	S
119.950	RNAF Twenthe TWR	N
120.000	Skive INFO	DK
	Lyon Satolas TWR	F
	Bratislava APP	T
120.025	RNN Valkenburg TWR	N
120.050	Trausdorf INFO	Ö
	Düsseldorf ACC	D
120.100	Innsbruck TWR	Ö
	Brussels RADAR	B
	Valence TWR	F
	Grenchen TWR	S
120.125	Avno INFO	DK
	FAR Etain APP	F
120.150	Frankfurt RADAR	D
	Esbjerg TWR	DK
	Dinard APP	F
	Meaux TWR	F

120.175	Hannover TWR	D
120.200	München TURM	D
	Epinal-Mirecourt PARAM	F
	Rouen TWR	F
	Beek TWR	N
120.250	Düsseldorf ARRIVAL	D
120.275	Grostenquin INFO	F
120.300	Eelde APP	N
	Geneva APP	S
120.325	Maribo INNFO	DK
120.350	St. Johann INFO	Ö
	Bremen ACC	D
	Deauville APP	F
	Speck-Fehraltorf RDO	S
120.375	Herrenteich INFO	D
	Nabern-Teck INFO	D
120.400	Genk INFO	B
	Grenoble St. Geoirs APP F	
120.450	Frankfurt ACC	D
120.500	Köln/Bonn TURM	D
	Nördlingen INFO	D
	München TWR	D
120.550	Amsterdam RADAR	N

120.600	Oostende APP	B
	Hamburg APP	D
120.650	Hoeven Seppe INFO	N
	München FIS	D
120.700	Morlaix TWR	F
	Perigueux PARAM	F
	Strasbourg APP	F
	RNAF Leeuwarden TWR	N
120.750	Weser RADAR Bremen	D
	Zürich APP	S
120.775	München RADAR	D
120.800	Frankfurt APP	D
	Millau PARAM	F
120.825	Niew Milligen MIL ACC	N
120.850	Berlin ARTCC	D
120.900	Roanne PARAM	F
	Bratislava APP	T
	Düsseldorf RADAR	D
	Köln/Bonn RADAR	D
120.950	Paris ACC/UAC	F
121.000	Baden-Baden INFO	D
	Herning RDO	DK
	Elesmes PARAM	F
	Grenoble Le Versoud TWR	F
	Teuge RDO	N

121.075	Wasserkuppe INFO	D
121.100	Leipzig APP	D
	Heringsdorf INFO	D
	Odense Bdringe TWR	DK
	Maubeuge PARAM	F
	Melun TWR	F
	Eindhoven TWR	N
121.200	Hohenems-Dornbirn INFO	Ö
	Wien TWR	Ö
	Erfurt TWR	D
	Chambery TWR	F
	Amsterdam Schiphol APP	N
121.250	Bale-Mulhouse FIS	F
121.275	Hamburg TURM	D
121.300	Charleroi Gosselies TWR B	
	Berlin Schoenefeld APP	D
	Hilversum RDO	N
	Geneva DEP	S
121.350	Bremen ACC	D
	Strasbourg TWR	F
121.375	RDAF Skydstrup TWR	DK
121.400	Antwerp TWR	B
	Attendorn INFO	D
	Stauning INFO	DK
	Nancy Essey TWR	F
	Vichy TWR	F
	Praha APP	T

121.500	Intern. Notfreqenz	
121.600	Wien GROUND	Ö
	Brussels CLNC	B
	Frankfurt MIL RAMP	D
	Berlin Schönef. GROUND	D
	Leipzig GROUND	D
	Copenhagen Kastrup RAMP	DK
	Bale-Mulhouse GROUND	F
121.650	Geneva RAMP	S
	Zürich RAMP	S
121.700	Frankfurt APRON	D
	Bron GROUND	F
	Grenoble ST.Geoirs GND	D
	Amsterdam Schiphol GND	N
	Eelde GROUND	N
121.725	München GROUND	D
121.750	Berlin Tegel GROUND	D
	Bremen GROUND	D
	Egelsbach APRON	D
	Geneva RAMP	S
	Zürich RAMP	S
121.800	Antwerp TAXI	B
	Charleroi Gosselies GND B	
	Frankfurt GROUND	D
	Hamburg GROUND	D
	Berlin Schönefeld GND	D
	Lille GROUND	F
	Lyon Satloas GROUND	F
	Amsterdam Schiphol	N
	Zürich	S
121.825	Sylt APRON	D
	München GROUND	D

121.850	Hannover ATIS	D
	Köln/Bonn GROUND	D
121.875	Brussels GROUND	B
121.900	Ostende GROUND	B
	Berlin Tempelhof GROUND	D
	Düsseldorf GROUND	D
	Frankfurt GROUND	D
	Stuttgart GROUND	D
	Copenhagen Kastrup GND	DK
	Geneva GROUND	S
	Praha GROUND	T
121.950	Hannover GROUND	D
	Melun TWR	F
	St. Cyr GROUND	F
	Rotterdam GROUND	N
122.000	Alkersleben INFO	D
	Aschersleben INFO	D
	Bad Kissingen INFO	D
	Barssel INFO	D
	Brandenburg INFO	D
	Bronkow Info	D
	Chemnitz INFO	D
	Damme INFO	D
	Eggersdorf INFO	D
	Eibau INFO	D
	Eisenhüttenstadt INFO	D
	Fürstenzell INFO	D
	Görlitz INFO	D
	Greitz INFO	D
	Güstrow INFO	D
	Hildesheim INFO	D

	Hölleberg INFO	D
	Jena INFO	D
	Kamenz INFO	D
	Karlshofen INFO	D
	Kempten INFO	D
	Korbach INFO	D
	Lachen Speyerdorf INFO	D
	Laucha INFO	D
	Lauf INFO	D
	Marl INFO	D
	Nienburg INFO	D
	Nittenau INFO	D
	Nordhausen INFO	D
	Oppenheim INFO	D
	Oschersleben INFO	D
	Pennewitz INFO	D
	Roitzschjora INFO	D
	Schwarzheide INFO	D
	Sömmerda INFO	D
	Trier-Föhren INFO	D
	Westerstede INFO	D
	Wittstock INFO	D
	Lille Marq INFO	D
122.050	Braunschweig Info	D
	Egelsbach APRON	D
	Frankfurt APRON	D
	Rheine INFO	D
	Schw.Hall-Weckri. INFO	D
	Mervill TWR	F
	St. Yan GROUND	F
	Porrentury RDO	S
	Triengen RDO	S

122.100	MIL.Wachfrequenz	
	Altdorf INFO	D
	BAF Beauvechain TWR	B
	BAF Bevingen TWR	B
	USAF Chievres TWR	B
	BAV Florennes TWR	B
	Götsenhoven TWR	B
	BAF Kleine-Brogel TWR	B
	BAF Koksijde TWR	B
	Liege Bierset TWR	B
	GAF Ahlhorn TWR	D
	GAR Altenstadt TWR	D
	USAHP Ansbach TWR	D
	USA Bad Kreuznach TWR	D
	USA Bad Tölz (Baker)	D
	Berlin Gatow TWR	D
	Berlin Tempelhof TURM	D
	USAF Bitburg TWR	D
	Bonn Hardthöhe HELI	D
	GAF Bremgarten TWR	D
	RAF Brüggen TWR	D
	GAF Büchel TWR	D
	GAR Bückeburg TWR	D
	BAR Butzweilerhof	D
	GAR Celle TWR	D
	USA Coleman TWR	D
	GAF Diepholz TWR	D
	GNY Eggebek TWR	D
	GAF Erding TWR	D
	GAF Fassberg TWR	D
	USA Feucht TWR	D
	GAR Fritzlar TWR	D
	USA Fulda TWR	D
	GAF Fürstenfeldbruck	D
	NATO Geilenkirchen TWR	D

USA Gießstadt TWR	D
USA Grafenwöhr TWR	D
Günzburg TWR	D
RAF Gütersloh APP	D
USAF Hahn TWR	D
USA Hanau TWR	D
USA Heidelberg TWR	D
USA Hohenfels TWR	D
GAF Hohn TWR	D
GAF Hopsten TWR	D
GAF Husum TWR	D
USA Illesheim TWR	D
GAF Ingolstadt TWR	D
GAR Itzehoe TWR	D
GAF Jever TWR	D
GAF Joke TWR	D
GAF Kaufbeuren TWR	D
GNY Kiel-Holtenau TWR	D
USA Kitzingen TWR	D
RAF Laarbruch TWR	D
CF Lahr TWR	D
GAF Landsberg TWR	D
GAR Laupheim TWR	D
GAF Lechfeld TWR	D
GAF Leck TWR	D
GAF Leipheim TWR	D
USA Ludwigsburg	D
USA Mainz Finthen TWR	D
USAHP Maurice Rose TWR	D
GAF Memmingen TWR	D
GAR Mending TWR	D
Meppen INFO	D
GAF Neubiberg TWR	D
GAF Neuburg TWR	D
GAR Neuhausen o.E. TWR	D

GAR Niederstetten TWR	D
GAF Noervenich TWR	D
GNY Nordholz TWR	D
Oberpfaffenhofen TWR	D
Ochsenfurt TWR	D
GAF Oldenburg TWR	D
GAF Pferdsfeld TWR	D
USAF Ramstein TWR	D
Rheine-Eschendorf TWR	D
GAR Rheine-Bentlage TWR	D
GAR Rotenburg/W. TWR	D
GAR Roth TWR	D
GNY Schleswig TWR	D
USA Schwäbisch Hall TWR	D
USAF Sembach TWR	D
GAR Straubing TWR	D
BAR Werl TWR	D
USA Wiesbaden TWR	D
RAF Wildenrath TWR	D
GAF Wittmundhafen TWR	D
GAF Wunstorf TWR	D
USAF Zweibrücken TWR	D
Aalborg TWR	DK
RDAF Skrydstrup TWR	DK
FAF Amberieu TWR	F
FAF Colmar TWR	F
Dijon TWR	F
FAF Leuil TWR	F
Metz GROUND	F
Nancy Ochey TWR	F
FAF Reims GROUND	F
FAF St. Dizier TWR	F
Strasbourg TWR	F
FAF Toul Rosieres TWR	F
RNAF Deelen TWR	N

	RNN De Kooy TWR	N
	RNAF De Peel TWR	N
	Eindhoven RADAR	N
	RNAF Gilze-Rijen APP	N
	RNAF Leeuwarden TWR	N
	RNAF Soesterberg TWR	N
	RNAF Twenthe TWR	N
	RNN Valkenburg APP	N
	RNAF Volkel TWR	N
	RNAF Ypenburg TWR	N
122.150	Mannheim INFO	D
	Chaumont PARAM	F
	Buttwil RDO	S
	Praha ATIS	T
122.175	Hofkirchen FLUGPLATZ	Ö
	Klippeneck INFO	D
	Löerbach INFO	D
	Oerlinghausen INFO	D
	Teck INFO	D
	Würzburg INFO	D
122.200	Altena Hegenscheid INFO D	
	Amsterdam Schiphol ATIS	
	Bad Frankelhausen INFO	D
	Bözen INFO	D
	Friedersdorf INFO	D
	Gardelegen INFO	D
	Gotha-Ost INFO	D
	Grossruckerswalde INFO	D
	Güttin INFO	D
	Oschatz INFO	D
	Pasewalk INFO	D
	Pirna INFO	D

	Pritzwalk INFO	D
	Purkshof INFO	D
	RDAF Vandel TWR	DK
	Renneritz INFO	D
	Rudolstadt INFO	D
	Saarmund INFO	D
	Schmoldow INFO	D
	Schönebeck INFO	D
	Schwerin INFO	D
	Stölln INFO	D
	USAF Spangdahlem TWR	D
	Waren INFO	D
	Zwickau INFO	D
122.225	Schwaigern/Stetten INFO	D
122.250	Freiballonsport	D
122.275	Klagenfurt VOLMET	Ö
122.300	Anklam INFO	D
	Ausbildung Motorflug	D
	Eschenlohe INFO	D
	Fischbek INFO	D
	Garbenheim INFO	D
	Grünstadt INFO	D
	Hagenau	F
	Hoya INFO	D
	Ithwiesen INFO	D
	Johannisau INFO	D
	Jüterbog INFO	D
	Kaufbeuren INFO	D
	Kyritz INFO	D
	Magdeburg INFO	D
	Oberhinkofen INFO	D

	Leoben-Timmersdorf	Ö
	Ottenschlag FLUGPLATZ	Ö
	Quakenbrück INFO	D
	Rerik INFO	D
	Schauendahl INFO	D
	St. Yan TWR	F
	Tirstrup APP	DK
	Unterwössen INFO	D
	Wershofen INFO	D
	Wismar INFO	D
	Zellhausen INFO	D
	Zierenberg INFO	D
122.350	Bad Dietzenbach INFO	D
	Bad Neuenahr INFO	D
	Giengen INFO	D
	Göppingen Berneck INFO	D
	Lemwerder TWR	D
	Montabaur INFO	D
	Pirmasens INFO	D
122.375	Bremerhav. Luneort INFO	D
	Dahlemer Binz INFO	D
	Mainbullau INFO	D
	Mengen INFO	D
	Porta Westfalica INFO	D
122.400	Aventoft INFO	D
	Bad Dürkheim INFO	D
	Eferding FLUGPLATZ	Ö
	Fulda INFO	D
	Harle INFO	D
	Kiel Holtenau INFO	D
	Reutte FLUGPLATZ	Ö
	St. Georgen FLUGPLATZ	Ö

	Verden INFO	
	Wangerooge INFO	D
	Wipperfürth INFO	D
	Zürich FIS	S
122.425	Hettstadt INFO	D
	Jesenwang INFO	D
	Leverkusen INFO	D
	Schmallenberg INFO	D
122.450	Beromünster TWR	S
	Eindhoven RADAR	N
	Helgoland INFO	D
	Reichelsheim INFO	D
122.475	Amöneburg INFO	D
	Esslingen INFO	D
	Helmstedt INFO	D
	Heppenheim INFO	D
	Langenfeld-Wies. INFO	D
	Wustweiler INFO	D
122.500	Dobersberg FLUGPLATZ	Ö
	Scharnstein FLUGPLATZ	Ö
	Trieben FLUGPLATZ	Ö
	BAF Beauvechain APP	B
	BAF Bevingen APP	B
	Brussels FIS	B
	BAF Florennes APP	B
	Goetsenhoven APP	B
	BAF Klein-Brogel APP	B
	BAF Koksijde APP	B
	Liege Bierset APP	B
	Segelfluggelände	D
	Aachen-Merzbrück INFO	D

Arnbruck INFO	D
Arnsberg INFO	D
Augsburg INFO	D
Baden-Baden INFO	D
Bad Winsheim INFO	D
Bamberg INFO	D
Bayreuth INFO	D
Belngries INFO	D
Bohmte INFO	D
Bonn Hangelar INFO	D
Borkenberge INFO	D
BAR Butzweilerhof	D
Dachau INFO	D
Dierdorf INFO	D
Dinkelsbühl INFO	D
Dortmund INFO	D
Ebern-Sendelbach INFO	D
Eisenthal Grafenau INFO	D
Emden INFO	D
Erbach INFO	D
Essen Mühlheim INFO	D
Flensburg INFO	D
Friedrichshafen INFO	D
Giebelstadt INFO	D
Gießen INFO	D
Gundelfingen INFO	D
Hamm INFO	D
Hüttenbusch INFO	D
Karlsruhe INFO	D
Lager Hammelburg INFO	D
Landsberg INFO	D
Lüchow INFO	D
Marl INFO	D
Mönchengladbach INFO	D
Mosenberg INFO	D

	Nabern INFO	D
	Neuburg INFO	D
	Nordenbeck INFO	D
	Offenburg INFO	D
	Regensburg INFO	D
	Schwabmünchen INFO	D
	Seedorf INFO	D
	Siegerland INFO	D
	St. Michaelisdon INFO	D
	Thannhausen INFO	D
	Trier Föhren INFO	D
	Wipperfürth INFO	D
	Kristinesmünde INFO	DK
	Krus-Padborg INFO	DK
	Nakskov INFO	DK
	Tonder INFO	DK
	Montreux INFO	S
122.550	Wien VOLMET	Ö
	Lugano TWR	S
122.600	Ahrenlohe INFO	D
	Backnang Hein. INFO	D
	Breitscheid INFO	D
	Dinslaken INFO	D
	Donsdorf-Messelb. INFO	D
	Griesau INFO	D
	Grube INFO	D
	Heide Büsum INFO	D
	Linkenheim INFO	D
	Mosenberg INFO	D
	Neumagen INFO	D
	Norderney INFO	D
	Oldenburg INFO	D
	Peine INFO	D

	Pfarrkirchen INFO	D
	Saarlouis INFO	D
	Schleswig Kropp INFO	D
	Treuchtlingen INFO	D
	Unterschüpf INFO	D
	Weser Wümme INFO	D
	Courchevel PARAM	F
	Saint Etienne APP	F
	Valenciennes PARAM	F
122.625	Hamm INFO	D
	Kührstett INFO	D
122.650	Ried-Kirchheim FLUGPL.	Ö
	Koblenz INFO	D
	Nordhorn INFO	D
122.675	Werdohl INFO	D
	Aschaffenburg INFO	D
122.700	Niederöblam FLUGPLATZ	Ö
	Schärding FLUGPLATZ	Ö
	Auerbach INFO	D
	Ballenstedt INFO	D
	Gera INFO	D
	Riesa INFO	D
	Rothenburg INFO	D
	Schönhagen INFO	D
	Stuttgart TURM	D
122.750	Betzdorf-Kirchen INFO	D
	Biberach INFO	D
	RAR Detmold TWR	D
	Kehl INFO	D
	Walldürn INFO	D
	Copenhagen Kastrup ATIS	DK

122.800	Von Bord zu Bord	D
	Neuchatel INFO	S
122.825	Tannheim INFO	D
122.850	Mauterndorf FLUGPLATZ	Ö
	Allendorf INFO	D
	Bergneustadt INFO	D
	Bopfingen INFO	D
	Brilon INFO	D
	Flensburg INFO	D
	Herzogenaurach INFO	D
	Hüttenbusch INFO	D
	Idar-Oberstein INFO	D
	Krefeld INFO	D
	Landshut INFO	D
	Mengeringshausen INFO	D
	Mosbach Lohrbach INFO	D
	Münster Telgte INFO	D
	Ober-Mörlen INFO	D
	Salzgitter INFO	D
	Schwenningen INFO	D
	Ülzen INFO	D
	Weissenhorn INFO	D
	Wilhemshaven INFO	D
	Copenhagen Kastrup ATIS	DK
122.875	Aachen Merzbrück TWR	D
	Langenlonsheim INFO	D
	Leutkirch INFO	D
122.900	Dessau INFO	D
	Finsterwalde INFO	D
	Neuhausen INFO	D
	Neustadt-Glewe INFO	D
	Suhl INFO	D

122.925	Mainz Finthen INFO	D
	Plettenberg INFO	D
	Rinteln INFO	D
122.950	Wien ATIS	Ö
	Les Mureaux TWr	F
122.975	Mindelheim INFO	D
123.000	Ahrenlohe INFO	D
	Altdorf-Wallburg INFO	D
	Ansbach INFO	D
	Anspach INFO	D
	Bad Gandersheim INFO	D
	Bad Waldsee INFO	D
	Blomberg Borkhs. INFO	D
	Bordelum INFO	D
	Borkum INFO	D
	Eichstätt INFO	D
	Eudenbach INFO	D
	Kamp INFO	D
	Kirchdorf INFO	D
	Lichtenfels INFO	D
	Marburg INFO	D
	Meschede INFO	D
	Neuen INFO	D
	Neumarkt INFO	D
	Neumünster INFO	D
	Neustadt Aisch INFO	D
	Ottengrüner Heide INFO	D
	Reiselfingen INFO	D
	Schmidgaden INFO	D
	Schweighofen INFO	D
	Schweinfurt INFO	D
	Sobernheim INFO	D
	Stade INFO	D
	Stadtlohn INFO	D

	Traben Trarbach INFO	D
	Varrelbusch INFO	D
	Vilsbiburg INFO	D
	Vogtareuth INFO	D
	Wahlstedt INFO	D
	Walldorf INFO	D
	Wenzenbach INFO	D
	Langenthal RDO	S
123.025	Arnsberg INFO	D
	Heubach INFO	D
	Hodenhagen INFO	D
123.050	Achmer INFO	D
	Ailertchen INFO	D
	Baltrum INFO	D
	Blaubeuren INFO	D
	Blumberg INFO	D
	Bruchsal INFO	D
	Donauwörth INFO	D
	Gelnhausen INFO	D
	Oberschleißheim INFO	D
	Oldenburg INFO	D
	Paderborn Haxterb. INFO	D
	Poltringen INFO	D
	Schwäbisch Hall INFO	D
	Strausberg INFO	D
	Uetersen INFO	D
	Weissenburg INFO	D
	Wülzburg INFO	D
123.100	BAF Koksijde RESCUE	B
123.150	Babenhausen INFO	D
	Bad Buchau INFO	D

	Bisperode West INFO	D
	Boberg INFO	D
	Braunfels INFO	D
	Düsseld. Wolfsaap INFO	D
	Ellwangen INFO	D
	Emmerich INFO	D
	Farrenberg INFO	D
	Hangensteinerhof INFO	D
	Hellenhagen INFO	D
	Hornberg INFO	D
	Hülben INFO	D
	Kell INFO	D
	Laufenselden INFO	D
	Oppingen INFO	D
	Siegen INFO	D
	Stüde INFO	D
	Tauberbischofsheim INFO	D
	Übersberg INFO	D
	Vielbrunn INFO	D
	Welzheim INFO	D
	Biel Kapellen RDO	S
123.175	RNAF Volkel APP	B
123.200	Goetsenhoven APP	B
	Bremen FIS	D
	Frankfurt FIS	D
	Hamburg FIS	D
	Hannover FIS	D
	München FIS	D
	Nürnberg FIS	D
	Melun APP	F
	Lausanne INFO	S
	Porrentruy RDO	S
	Wangen-Lachen RDO	S

123.225	Schwabach INFO	D
123.250	Wien Neustadt TWR	Ö
	Herten-Rheinfelden INFO	D
	Kirchheim Hahnw. INFO	D
	Pfullendorf INFO	D
	RNN De Kooy TWR	N
123.300	NATO APP/GCA allgemein	
	Prag FIS	T
	Neubrandenburg INFO	D
123.350	Segelflugbetrieb	D
	Agathazeller Moos INFO	D
	Aichbach INFO	D
	Am Kreuzberg INFO	D
	Amberg Rammertsd. INFO	D
	Aschendorf INFO	D
	Asslarer Hütte INFO	D
	Aukrug INFO	D
	Bad Brückenau INFO	D
	Bad Wildungen INFO	D
	Bad Wörishofen INFO	D
	Bartholomä INFO	D
	Bischofsberg INFO	D
	Büchel INFO	D
	Büchig INFO	D
	Burgheim INFO	D
	Cham INFO	D
	Daun INFO	D
	Dorsten INFO	D
	Enz INFO	D
	Essweiler INFO	D
	Füssen INFO	D
	Geitau INFO	D

	Gießen INFO	D
	Gr. Wiese Wolfenbütt	D
	Hallertau INFO	D
	Halver INFO	D
	Haßloch INFO	D
	Hermuthausen INFO	D
	Hersbruck INFO	D
	Hornberg INFO	D
	Irsingen INFO	D
	Kirchheim Hahnw. INFO	D
	Kissleg INFO	D
	Konz Könen INFO	D
	Kreuzberg INFO	D
	Langenselbold INFO	D
	Leutendorf INFO	D
	Ludwigshafen INFO	D
	Malmsheim INFO	D
	Markdorf INFO	D
	Oberems INFO	D
	Paterzell INFO	D
	Peine INFO	D
	Quakenbrück INFO	D
	Roßfeld INFO	D
	Schäfhalde INFO	D
	Soest Salam. INFO	D
	Tröstau INFO	D
	Utscheid INFO	D
	Vaihingen/Enz INFO	D
	Völkleshofen INFO	D
	Weipertshofen INFO	D
	Zell Haidberg INFO	D
123.375	Bensheim INFO	D
	Hilzingen INFO	D
	Ithweisen INFO	D

	Kirn INFO	D
	Siegen-Eisenhardt INFO	D
123.400	Segelflug-Rückholer	D
	Sydfyn INFO	DK
	Tasinge INFO	DK
	St. Yan APP	
123.425	Ultra-Leicht-Schulung	D
123.450	Allgemeine Frequenz	D
123.475	Bollrich INFO	D
	Butzbach-Pfingstweide	D
	Löchgau INFO	D
	Marpingen INFO	D
	Schnuckenheide INFO	D
	Wächtersberg INFO	D
123.500	Balen Keyheuvel INFO	B
	Beverlo Sanicole INFO	B
	Spa INFO	B
	Segelflug Sammelfrequ.	D
	Viborg INFO	DK
	Besancon la Veze	F
	Besancon Thise	F
	Dieuze Gueblange	F
	Epinal Dogneville	F
	Montbeliard	F
	Sarre Union	F
	Sarrebourg-Buhl	F
	Saverne-Steinbourg	F
	Vesoul Frotey	F
	Bad Ragatz RDO	S
	Porrentruy RDO	S

123.550	Hannover TWR	D
	USAF Ramstein TWR	D
	Birrfeld TWR	S
123.575	Borkenberge INFO	D
123.600	Seitenstetten FLUGPLATZ	Ö
	Ampfing-Waldkr. INFO	D
	Dingolfing INFO	D
	Elz INFO	D
	Gerstetten INFO	D
	Halle-Oppin INFO	D
	Hetzleser Berg INFO	D
	Niederstetten INFO	D
	Saulgau INFO	D
	Weser RADAR	D
	Weinheim INFO	D
	Nevers PARAM	F
	Belmullet INFO	L
	Ascona RDO	S
123.625	Grefrath INFO	D
	Höxter-Holzminden INFO	D
	Hoppstädten INFO	D
	Laichingen INFO	D
	Rottweil INFO	D
123.650	Aalen INFO	D
	Allendorf/Eder INFO	D
	Altenburg INFO	D
	Ansbach-Petersdorf INFO	D
	Bad Neustadt INFO	D
	Bergneustadt INFO	D
	Celle Arloh INFO	D
	Giessen-Reiski. INFO	D

	Grefrath INFO	D
	Lauenbrück INFO	D
	Melle INFO	D
	Michelstadt INFO	D
	Moosburg INFO	D
	Nordholz Spieka INFO	D
	Rendsburg INFO	D
	Thalmässing INFO	D
	Westerstede INFO	D
	Winzeln INFO	D
123.700	Chamberry APP	
	Amsterdam RADAR	N
123.725	Salzburg APP	Ö
123.750	Hasselt INFO	D
123.800	Mönchengladbach INFO	D
	Roskilde ATIS	DK
	Prag RADAR	T
123.825	Bottenhorn INFO	D
	CF-Lahr APP	D
123.850	Berlin Gatow TWR	D
	Amsterdam RADAR	N
123.875	Aalbourg APP	DK
123.900	München APP	D
123.925	Weser RADAR	D
123.975	Beek APP	N

124.000	Copenhagen ACC	DK
	Holzdorf INFO	D
	Laage-Rostock INFO	D
	Neubrandenburg INFO	D
	Parchim INFO	D
	Paris ACC	F
	Wriezen INFO	D
124.025	Frankfurt ACC	D
124.050	Paris ACC	F
124.075	Weser RADAR	D
124.100	Reims FIS	F
124.200	Frankfurt APP	D
124.225	Hamburg APP	D
124.250	Donaueschingen INFO	D
	Paris ACC	F
124.275	Hamburg ATIS	D
124.300	Amsterdam FIS	N
	Bratislava ACC	T
124.325	Nürnberg ATIS	D
124.350	Hannover RADAR	D
	Bern APP	S
124.375	Frankfurt ACC	D

124.400	Wien FIS	Ö
	RNAF Deelen TWR	N
124.425	Frankfurt ACC	D
124.450	GAF Hopsten GCA	D
124.475	Frankfurt FIS	D
124.500	RDAF Vaerloese TWR	DK
124.525	Eindhoven RADAR	N
124.550	Wien ACC	Ö
	Copenhagen ACC	DK
	Lugano TWR	S
124.575	Beek ATIS	N
124.600	Worms INFO	D
124.625	Hamburg RADAR	D
	Paris ACC	F
124.650	Bremen ACC	D
	Straubing-Wallmü. INFO	D
124.700	Zürich FIS	S
124.725	Frankfurt FIS	D
124.750	Spa INFO	B
	Offenburg INFO	D
124.775	Nürnberg APP	D

124.800	Bremen ACC	D
124.825	München ACC	D
124.850	Frankfurt TURM	D
	Paris ACC	F
124.875	Amsterdam RADAR	N
124.900	Frankfurt ACC	D
124.950	Berlin Tegel ATIS	D
	Reims ACC	F
124.975	Köln/Bonn TWR	D
125.000	Brussels ACC	B
125.050	RNAF Soesterberg TWR	N
125.075	RDAF Vandel APP	DK
125.100	Albstadt Degerfeld INFO	D
125.150	Paris VOLMET	F
125.200	Frankfurt ACC	D
	Moulins PARAM	F
125.250	Mulhouse TWR	F
125.325	RNAF Gilze Rijen TWR	N
125.350	Bremen ACC	D

125.400	Stuttgart FIS	D
125.450	Paris ACC	F
125.550	Genf ACC	S
125.600	Frankfurt ACC	D
	GNY Kiel-Holtenau TWR	D
125.625	Karup APP	DK
125.650	Graz APP	Ö
	Bremen RADAR	D
	Dijon APP	F
125.700	Karlsruhe INFO	D
	Paris FIS	F
	Valence APP	F
	Bratislava ACC	T
125.750	Amsterdam RADAR	N
125.800	Berlin APP	D
	Lyon APP	F
125.850	Bremen ACC	D
125.900	Berlin Schönefeld ATIS	D
	Metz APP	F
125.950	Zürich DEP	S
126.000	Wien Rauchenw. VOLMET	Ö
126.050	Copenhagen ACC	DK
	Zürich ACC	S

126.100	Paris FIS	F
	Prag FIS	T
126.125	Stuttgart ATIS	D
126.150	Düsseldorf ACC	D
126.200	Amsterdam VOLMET	N
126.325	Köln/Bonn APP	D
126.350	Genf FIS	S
	Barth INFO	D
126.450	München ACC	D
126.650	Bremen ACC	D
126.750	Brussels ACC	B
126.800	Genf VOLMET	S
126.825	Berlin FIS	D
126.850	Hamburg TWR	D
	München ACC	D
	Bordeaux UAC	F
126.900	Brussels FIS	B
126.950	Wiltz	B
	München FIS	D
127.000	Copenhagen VOLMET	DK

127.050	Frankfurt ACC	D
127.075	Copenhagen FIS	DK
127.100	Hertenholm INFO	D
	Prag ACC	T
127.125	Frankfurt ACC	D
127.150	Brussels DEP	B
127.175	Münster ATIS	D
127.200	Zürich VOLMET	S
127.250	FAF St.Dizier APP	F
127.300	Copenhagen METRO	DK
	Genf ACC	S
	Bratislava FIS	T
127.350	Hoogeveen RDO	N
127.400	Bremen VOLMET	D
127.450	Rosenthal INFO	D
	Wolfhagen INFO	D
127.500	Frankfurt ACC	D
127.550	RNAF Volkel TWR	N
	Genf ATIS	S
127.600	Frankfurt VOLMET I	D

127.700	Dresden APP	D
	Altenrhein TWR	S
127.725	Frankfurt ACC	D
127.750	Zürich RADAR	S
127.800	Brussels VOLMET	B
127.850	Paris UAC	F
	Reims UAC	F
127.875	Bale-Mulhouse ATIS	F
127.900	Lille APP	F
	Prag ACC	T
127.925	Frankfurt ACC	D
127.950	München APP	D
128.000	Lyon Satolas TWR	F
128.025	München APP	D
128.050	Zürich ACC	S
128.075	Berlin FIS	D
128.100	Paris ACC	F
128.150	Copenhagen ACC	DK
	Genf ACC	S
128.200	Wien APP	Ö
	Brussels ACC	B

128.225	RHEIN UAC Karlsruhe	D
128.250	München ACC	D
128.300	Friedland RADAR	D
	Reims ACC	F
128.350	Niew Milligen ACC	N
128.400	Berlin Schönef. VOLMET	D
128.450	Brussels ACC	B
128.500	Lyon APP	F
	Peronne PARAM	F
	Eelde APP	N
128.525	Zürich ATIS	S
128.550	Düsseldorf ACC	D
128.600	Prag VOLMET	T
128.650	Düsseldorf ACC	D
	Bratislava ATIS	T
128.700	Wien ACC	Ö
128.750	Copenhagen ACC	DK
128.800	Brussels ACC	B
128.850	Düsseldorf RADAR	D
128.950	Frankfurt ACC	D

128.975	München UAC	D
129.000	CF Söllingen TWR	D
	Brest ACC	F
129.025	Stetten RADAR	D
129.050	Liege Bierset APP	B
	Lauter APP	D
129.100	München ACC	D
129.150	Paris ACC	F
129.175	Düsseldorf ACC	D
129.200	WIen ACC	Ö
129.250	Liege Bierset TWR	B
129.300	Amsterdam RADAR	N
129.350	Paris ACC	F
129.475	Zeltweg TWR	Ö
	Copenhagen FIS	DK
129.500	Brest UAC	F
129.525	RHEIN UAC Karlsruhe	D
129.550	München ACC	D
129.625	Linz APP	Ö

129.650	Brussels ACC	B
129.675	Frankfurt ACC	D
129.700	Paris FIS	F
	SWR Genf GROUND	S
	SWR Zürich GROUND	S
129.800	Coburg-Steinrücken INFO	D
	Münster TWR	D
	Auxerre PARAM	F
	Phalsbourg Bourscheid	F
129.850	GAF Bremgarten TWR	D
	GAF Ingolstadt TWR	D
	GAF Memmingen TWR	D
	GAF Neuburg TWR	D
	GAF Pferdsfeld TWR	D
	AFR Paris	F
129.900	Garmisch HELI	D
	DRF Stuttgart	D
129.975	Altdorf Hagenh. INFO	D
	Altfeld INFO	D
	Asslar Hütte INFO	D
	Bad Marienberg INFO	D
	Bohlhof INFO	D
	Ernzen INFO	D
	Eutingen INFO	D
	Geilenkirchen INFO	D
	Hierda INFO	D
	Langenpreising INFO	D
	Leibertingen INFO	D
	Malsch INFO	D

	Möckmühl-Korb INFO	D
	Mönchsheide INFO	D
	Müllheim INFO	D
	Riedlingen INFO	D
	Weinberg INFO	D
	Wilsche INFO	D
130.000	Goetsenhoven TWR	B
130.075	Reutl.-Betzingen HELI	D
130.100	Frankfurt FAG	D
130.125	Bad Königshofen INFO	D
	Dadort INFO	D
	Deckenpfronn INFO	D
	Dillingen INFO	D
	Frechen INFO	D
	Grabenstetten INFO	D
	Hörbach INFO	D
	Hünsborn INFO	D
	Hütten-Hotzenwald INFO	D
	Kirchzarten INFO	D
	Landau-Ebenberg INFO	D
	Meiersberg INFO	
	Mülben INFO	D
	Nastätten INFO	D
	Nieresheim INFO	D
	Riedelbach INFO	D
	Salzgitter Lebens. INFO	D
	Stahringen INFO	D
130.150	Freistadt FLUGPLATZ	Ö
	Wien Neustadt TWR	Ö
	Frankfurt DLH	D

	GNY Nordholz	D
	Genf Terminal	S
130.175	Saarbrücken DLT	D
130.200	Ales PARAM	F
130.250	Untermusbach INFO	D
130.300	Eplatures INFO	S
130.350	Hamburg-Fink. TWR	D
	Kassel-Mittelf. HELI	D
130.475	Innsbruck VOLMET	Ö
130.500	RAF Brüggen GCA	D
	USA Döbraberg	D
	RAF Gütersloh GCA	D
	RAF Laarbruch GCA	D
130.550	Brussels ABELAG	B
130.600	Binningen INFO	D
	Blaubeuren INFO	D
	Emmendingen-Wind. INFO	D
	Ingelfingen INFO	D
	Meinerzhagen INFO	D
	Nannhausen INFO	D
	Saffig HELI	D
130.650	Grub HELI	Ö
	Linz-Voest HELI	Ö
	Ried-Fischer HELI	Ö

130.775	Burg Feuerstein INFO	D
	Leer Nüttermoor INFO	D
130.800	RAF Gütersloh APP	D
	RAF Laarbruch APP	D
130.850	AFR Paris Orly	F
130.900	Paris ACC	F
130.950	Amsterdam RADAR	B
131.000	Roskilde TWR	DK
131.050	Linz APP	Ö
	St. Yan ATIS	F
131.100	Brussels ACC	B
131.150	Amsterdam Schiphol APP	N
	Zürich ACC	S
131.200	Lyon Satolas ATIS	F
131.250	Paris UAC	F
131.300	Frankfurt ACC	D
131.350	Wien ACC	Ö
	Paris ACC	F
131.375	Weser RADAR	D
131.400	Diverse Fluggesellschaften bis 131.975	

132.000	Paris UAC	F
132.025	Pegnitz INFO	D
132.050	Reims UAC	F
132.100	Paris UAC	F
132.125	Brest UAC	F
132.150	RHEIN UAC Karlsruhe	D
132.200	Maastricht UAC	B
132.275	Reims UAC	F
132.325	RHEIN UAC Karlsruhe	D
132.350	Bratislava ACC	T
132.375	Bad Pyrmont INFO	D
	Paris UAC	F
132.400	RHEIN UAC Karlsruhe	D
132.425	Bordeaux UAC	F
132.475	Brussels ATIS	B
132.500	Paris UAC	F
	Reims UAC	F
132.550	München UAC	D
132.600	Wien ACC	Ö

132.625	Paris UAC	F
	Reims UAC	F
132.675	Paris UAC	F
132.725	München UAC	D
132.750	Maastricht UAC	B
132.775	RHEIN UAC Karlsruhe	D
132.800	Prag ACC	T
132.825	Paris UAC	F
132.850	Maastricht UAC	B
132.875	München UAC	D
132.975	Amsterdam Schiphol ATIS	N
133.000	Brest ACC	F
133.050	Zürich ACC	S
133.100	Bordeaux UAC	F
	Amsterdam FIS	N
133.125	Charleroi Gosselies APP	B
133.150	Copenhagen ACC	DK
	Genf ACC	S
133.225	Bordeaux UAC	F

133.250	Maastricht UAC	B
133.275	RHEIN UAC Karlsruhe	D
133.350	Maastricht UAC	B
133.400	Tulln TWR	Ö
133.475	Brest UAC	F
133.500	Paris UAC	F
	Cottbus INFO	D
133.550	Bremen FIS	D
133.600	Wien ACC	Ö
133.650	RHEIN UAC Karlsruhe	D
133.675	München UAC	D
133.725	Bremen ACC	D
133.750	München UAC	D
133.800	Wien ACC	Ö
133.825	Reims UAC	F
133.850	Maastricht UAC	B
133.900	Dübendorf TWR	S
	Emmen TWR	S
	Payerne TWR	S

133.925	Paris UAC	F
133.950	Maastricht UAC	B
134.000	Bordeaux UAC	F
	Prag ACC	T
134.150	München ACC	D
134.350	Wien ACC	Ö
134.375	Maastricht UAC	B
134.400	Reims UAC	F
134.550	RHEIN UAC Karlsruhe	D
134.600	Zürich ACC	S
134.725	Bordeaux UAC	F
134.800	RHEIN UAC Karlsruhe	D
134.850	Genf ACC	S
134.875	Brest UAC	F
134.950	RHEIN UAC Karlsruhe	D
135.000	Paris ACC	F
135.050	Zeltweg TWR	Ö
135.100	Paris UAC	F

135.150	Maastricht UAC	B
135.200	Tulln APP	Ö
	Bordeaux UAC	F
135.300	Paris UAC	F
135.350	Düsseldorf FIS	D
135.450	Maastricht UAC	B
135.500	Paris UAC	F
	Reims UAC	F
135.550	Bremen FIS	D
135.600	GAF Fürstenfeldbruck	D
135.650	Brest UAC	F
135.675	Zürich ACC	S
135.700	Bremen FIS	D
135.725	Nürnberg FIS	D
135.775	Frankfurt VOLMET II	D
135.800	Paris UAC	F
135.850	Bordeaux UAC	F
135.900	Paris UAC	F
135.950	RHEIN UAC Karlsruhe	D
135.975	Maastricht UAC	B

8.3 Frequenzzuweisungen außerhalb des VHF-Bereichs

Die nachfolgende Tabelle listet Flughäfen in Deutschland in alphabetischer Reihenfolge auf und gibt Frequenzen an, die oberhalb von 137 MHz oder unterhalb von 118.000 MHz liegen.

Ahlhorn TOWER	141.500
Ahlhorn TOWER	233.300
Ahlhorn TOWER	257.800
Ahlhorn TOWER	315.300
Ansbach TOWER	031.800
Ansbach TOWER	040.800
Ansbach TOWER	139.050
Ansbach TOWER	264.850
Ansbach TOWER	375.150
Ansbach GND CON	141.300
Ansbach GND CON	250.500
Ansbach GND CON	338.750
Altenstadt TOWER	241.150
Altenstadt TOWER	257.800
Augsburg TOWER	338.975
Augsburg Army Heliport	030.600
Augsburg Army Heliport	141.800
Augsburg Army Heliport	399.650
Bad Kreuznach	031.800
Bad Kreuznach	040.200
Bad Kreuznach	141.600
Bad Kreuznach	399.850

Baumholder	033.200
Baumholder	142.900
Baumholder	251.200
Berlin Schönefeld RADAR	356.925
Berlin Schönefeld TOWER	358.600
Berlin Tegel TOWER	243.000
Berlin Tegel TOWER	312.825
Berlin Tegel TOWER	336.275
Berlin Tegel GROUND	337.700
Berlin Tempelhof CONTROL	243.000
Berlin Tempelhof CONTROL	353.800
Berlin Tempelhof CONTROL	357.000
Berlin Tempelhof APPROACH	362.300
Berlin Tempelhof DEPARTURE	372.000
Berlin Tempelhof TOWER	337.300
Berlin Tempelhof TOWER	358.000
Berlin Tempelhof TOWER	356.000
Bitburg TOWER	345.150
Bitburg GND CON	315.600
Bonn Hardthöhc Heliport	257.800
Bonn Hardthöhe Heliport	359.550
Braunschweig TOWER	231.500
Braunschweig TOWER	336.000
Bremen ATIS	243.000
Bremen ATIS	362.300
Bremen INFORMATION	376.700
Bremen INFORMATION	370.100
Bremen RADAR	338.800

Bremen RADAR	290.600
Bremen RADAR	3340.850
Bremen MONITOR	275.400
Bremen MONITOR	309.750
Bremen MONITOR	297.250
Bremen RADAR	258.900
Bremen RADAR	381.200
Bremen RADAR	285.100
Bremen RADAR	362.000
Bremen RADAR	262.900
Bremen RADAR	260.000
Bremen RADAR	275.850
Bremen RADAR	299.850
Bremen APPROACH	277.700
Bremen TOWER	337.750
Bremgarten APPROACH	342.450
Bremgarten APPROACH	362.300
Bremgarten TOWER	257.800
Bremgarten TOWER	341.850
Bruggen APPROACH	384.225
Bruggen DIRECTOR	344.225
Bruggen TOWER	262.875
Bruggen TOWER	313.550
Bruggen GND CON	342.075
Bruggen GND CON	335.750
Büchel TOWER	140.450
Büchel TOWER	360.750
Bückeburg TOWER	140.400
Bückeburg TOWER	270.00
Clutch RADAR	254.200

Coleman ATIS	108.200
Coleman TOWER	142.650
Coleman TOWER	031.800
Coleman TOWER	040.800
Coleman TOWER	291.500
Coleman TOWER	369.750
Coleman GND CON	141.300
Coleman GND CON	250.55
Coleman GND CON	338.750
Diepholz TOWER	140.600
Diepholz TOWER	241.850
Diepholz TOWER	257.800
Dortmund TOWER	315.550
Dortmund TOWER	369.750
Düsseldorf INFORMATION	257.250
Düsseldorf RADAR	359.800
Düsseldorf RADAR	343.550
Düsseldorf RADAR	344.700
Düsseldorf RADAR	275.550
Düsseldorf RADAR	316.900
Düsseldorf RADAR	250.300
Düsseldorf RADAR	254.700
Düsseldorf ARRIVAL	291.650
Düsseldorf ARRIVAL	291.650
Düsseldorf RADAR	315.650
Düsseldorf RADAR	253.500
Düsseldorf TOWER	249.500
Düsseldorf TOWER	337.750
Eifel APPROACH	141.100
Eifel APPROACH	2249.400
Eifel APPROACH	257.100

Eifel APPROACH	290.400
Eifel WEST	370.600
Eifel WEST	384.200
Erding TOWER	241.000
Erding TOWER	257.800
Erding TOWER	356.250
Fassberg TOWER	141.700
Fassberg TOWER	257.800
Fassberg TOWER	277.550
Fassberg TOWER	369.800
Finthen TOWER	031.500
Finthen TOWER	040.500
Finthen TOWER	040.800
Finthen TOWER	139.050
Finthen TOWER	341.800
Finthen GND CON	141.300
Finthen GND CON	315.850
Frankfurt ATIS	114.200
Frankfurt ATIS	362.300
Frankfurt RADAR	283.550
Frankfurt RADAR	233.450
Frankfurt RADAR	338.550
Frankfurt RADAR	281.400
Frankfurt RADAR	270.050
Frankfurt RADAR	386.800
Frankfurt RADAR	315.550
Frankfurt RADAR	336.450
Frankfurt RADAR	341.850
Frankfurt RADAR	259.850
Frankfurt RADAR	356.300
Frankfurt APPROACH	230.300

Frankfurt APPROACH	252.450
Frankfurt APPROACH	359.800
Frankfurt APPROACH	399.550
Frankfurt DEPARTURE	359.800
Frankfurt DEPARTURE	362.400
Frankfurt DEPARTURE	367.150
Frankfurt ARRIVAL	340.600
Frankfurt TOWER	249.500
Frankfurt TOWER	337.750
Frankfurt MIL RAMP	231.300
Frankfurt MIL RAMP	243.600
Friedrichshafen TOWER	336.400
Fritzlar TOWER	283.500
Fulda APPROACH	138.250
Fulda APPROACH	242.550
Fulda APPROACH	276.800
Fulda TOWER	031.800
Fulda TOWER	142.900
Fulda TOWER	252.200
Fulda TOWER	344.800
Fulda GND CON	141.300
Fulda GND CON	259.050
Fulda GND CON	259.750
Fürstenfeldbruck TOWER	234.350
Fürstenfeldbruck TOWER	257.800
Fürstenfeldbruck TOWER	336.350
Fürstenfeldbruck GND CON	307.400
Fürstenfeldbruck GND CON	370.100
Gatow TOWER	360.725

Geilenkirchen TOWER	140.075
Geilenkirchen TOWER	257.800
Geilenkirchen TOWER	360.050
Geilenkirchen TOWER	361.650
Geilenkirchen TOWER	341.750
Geilenkirchen GND CON	380.950
Giebelstadt TOWER	030.100
Giebelstadt TOWER	031.800
Giebelstadt TOWER	138.750
Giebelstadt TOWER	142.050
Giebelstadt TOWER	277.500
Giebelstadt TOWER	314.550
Giebelstadt TOWER	369.300
Giebelstadt GND CON	141.300
Giebelstadt GND CON	242.000
Giebelstadt GND CON	276.550
Gießen Army Heliport	033.700
Gießen Army Heliport	138.600
Gießen Army Heliport	242.450
Grafenwöhr TOWER	031.800
Grafenwöhr TOWER	142.450
Grafenwöhr TOWER	369.800
Grafenwöhr TOWER	386.650
Grafenwöhr GND CON	141.300
Grafenwöhr GND CON	250.500
Grafenwöhr GND CON	338.750
Gütersloh APPROACH	130.800
Gütersloh APPROACH	251.250
Gütersloh APPROACH	362.300
Gütersloh TOWER	257.800
Gütersloh TOWER	276.000
Gütersloh GND CON	240.600

Hamburg RADAR	312.750
Hamburg RADAR	372.650
Hamburg TOWER	337.750
Hamburg-Finkenwerder TOWER	259.150
Hanau TOWER	037.600
Hanau TOWER	031.800
Hanau TOWER	142.450
Hanau TOWER	234.800
Hanau GND CON	141.300
Hanau GND CON	250.550
Hannover RADAR	312.200
Hannover RADAR	299.950
Hannover ARRIVAL	312.200
Hannover TOWER	249.500
Hannover TOWER	337.750
Hannover APPROACH	369.950
Heidelberg GCA	143.100
Heidelberg GCA	378.250
Heidelberg TOWER	031.800
Heidelberg TOWER	033.600
Heidelberg TOWER	142.200
Heidelberg TOWER	245.350
Heidelberg TOWER	257.800
Heidelberg TOWER	314.800
Heidelberg APPROACH	143.750
Heidelberg APPROACH	276.400
Heidelberg APPROACH	314.500
Heidelberg GND CON	141.300
Hohn TOWER	141.700
Hohn TOWER	250.000

Hoppstädten/Weiersbach	142.900
Hoppstädten/Weiersbach	251.200
Hopsten GCA	344.000
Hopsten TOWER	257.800
Hopsten TOWER	364.850
Illesheim TOWER	142.900
Illesheim TOWER	344.800
Illesheim GND CON	138.725
Illesheim GND CON	356.875
Ingolstadt TOWER	292.600
Jever TOWER	344.35
Karlsruhe RHEIN CONTROL	362.300
Karlsruhe RHEIN CONTROL	344.600
Karlsruhe RHEIN CONTROL	255.400
Karlsruhe RHEIN CONTROL	310.300
Karlsruhe RHEIN CONTROL	300.700
Karlsruhe RHEIN CONTROL	379.750
Karlsruhe RHEIN CONTROL	372.400
Karlsruhe RHEIN CONTROL	282.450
Karlsruhe RHEIN CONTROL	342.250
Karlsruhe RHEIN CONTROL	315.400
Karlsrihe RHEIN CONTROL	311.400
Kassel TOWER	231.500
Kiel Holtenau TOWER	255.400
Kiel Holtenau TOWER	256.050
Kiel Holtenau TOWER	257.800

Kitzingen ATIS	111.400
Kitzingen TOWER	031.800
Kitzingen APPROACH	140.750
Kitzingen APPROACH	275.350
Kitzingen APPROACH	357.200
Kitzingen TOWER	142.650
Kitzingen TOWER	245.750
Kitzingen TOWER	386.500
Kitzingen GND CON	141.300
Kitzingen GND CON	250.550
Kitzingen GND CON	338.750
Köln/Bonn APPROACH	253.500
Köln/Bonn ARRIVAL	292.550
Köln/Bonn APPROACH	368.050
Köln/Bonn RADAR	381.100
Köln/Bonn TOWER	249.100
Köln/Bonn TOWER	291.200
Köln/Bonn MIL GND	136.250
Köln/Bonn MIL GND	312.100
Landsberg TOWER	138.400
Landsberg TOWER	290.800
Landstuhl Army Heliport	030.600
Landstuhl Army Heliport	030.750
Landstuhl Army Heliport	138.600
Landstuhl Army Heliport	266.650
Laupheim (Lima) TOWER	275.900
Laupheim TOWER	031.800
Laupheim TOWER	138.750
Laupheim TOWER	242.500
Laupheim TOWER	256.400
Laupheim TOWER	257.800
Laupheim TOWER	342.550

Lechfeld TOWER	139.500
Lechfeld TOWER	285.100
Leipheim TOWER	140.400
Leipheim TOWER	282.400
Leipzig TOWER	376.550
Lemwerder TOWER	282.350
Ludwigshafen/Rhein Unfallklinik Heliport über Coleman TOWER	142.650
Maastricht EUROCONTROL	300.450
Maastricht EUROCONTROL	268.500
Maastricht EUROCONTROL	362.250
Maastricht EUROCONTROL	359.850
Maastricht EUROCONTROL	259.750
Maastricht EUROCONTROL	249.950
Maastricht EUROCONTROL	263.950
Maastricht EUROCONTROL	281.700
Maastricht EUROCONTROL	338.800
Memmingen TOWER	140.600
Memmingen TOWER	249.650
Memmingen TOWER	257.800
Memmingen TOWER	355.350
Mendig TOWER	040.600
Mendig TOWER	242.500
Mendig TOWER	257.800

Mendig TOWER	291.150
Mendig TOWER	363.700
München ATIS	362.300
München INFORMATION	241.950
München RADAR	375.250
München RADAR	299.400
München RADAR	257.000
München RADAR	234.900
München RADAR	270.000
München RADAR	277.550
München RADAR	369.950
München RADAR	386.250
München RADAR	339.950
München RADAR	386.600
München RADAR	230.250
München RADAR	381.150
München RADAR	312.050
München RADAR	372.500
München RADAR	383.400
München RADAR	282.350
München RADAR	249.850
München APPROACH	279.600
München ARRIVAL	376.000
München TOWER	337.750
München TOWER	249.500
Münster TOWER	257.800
Neuburg (Donau) TOWER	269.700
Neuhausen TOWER	042.40
Neuhausen TOWER	340.750

Niederstetten TOWER	291.050
Nordholz TOWER	142.900
Nordholz TOWER	241.900
Nordholz TOWER	257.800
Nordholz TOWER	343.400
Nörvenich TOWER	142.900
Nörvenich TOWER	257.800
Nörvenich TOWER	265.400
Nörvenich TOWER	369.300
Nürnberg INFORMATION	277.600
Nürnberg APPROACH	342.600
Nürnberg RADAR	344.500
Nürnberg ARRIVAL	344.500
Nürnberg TOWER	249.500
Nürnberg TOWER	337.750
Oberpfaffenhofen TOWER	255.850
Oberpfaffenhofen TOWER	292.800
Oberpfaffenhofen TOWER	257.800
Paderborn TOWER	257.800
Pferdsfeld TOWER	141.700
Pferdsfeld TOWER	261.350
Pferdsfeld TOWER	257.800
Pferdsfeld TOWER	364.850
Pirmasens Army Heliport	040.200
Pirmasens Army Heliport	142.900
Pirmasens Army Heliport	251.200
Ramstein TOWER	257.800
Ramstein TOWER	267.600
Ramstein TOWER	277.200

Ramstein TOWER	279.650
Ramstein GND CON	252.100
Ramstein GND CON	375.000
Ramstein GND CON	130.400
Ramstein FIGHTER	278.550
Ramstein DEPARTURE	138.900
Ramstein DEPARTURE	378.400
Ramstein CLEARANCE DEL	250.550
Ramstein CLEARANCE DEL	282.700
Ramstein MAC AIRLIFT	234.400
Ramstein WING COMD POST	315.350
Ramstein WING COMD POST	360.550
Ramstein WING COMD POS	383.150
Ramstein SUPERVISOR	379.500
Ramstein ATIS	292.650
Ramstein ATIS	138.775
Ramstein PTD	261.275
Ramstein APPROACH	358.500
Ramstein APPROACH	378.400
Rheine (Bentlage) TOWER	042.400
Rheine (Bentlage) TOWER	141.700
Rheine (Bentlage) TOWER	240.850
Rheine (Bentlage) TOWER	242.500
Rheine (Bentlage) TOWER	257.800
Rheine (Bentlage) TOWER	290.850
RHEIN RADAR	142.550
RHEIN RADAR	258.900
RHEIN RADAR	277.050
RHEIN RADAR	281.800
RHEIN RADAR	362.300
mit folgenden Sektoren:	
Fulda	251.300

Fulda	297.100
Frankfurt	277.050
Frankfurt	268.000
Nattenheim	258.900
Unfallklinik Heliport	
über Coleman TOWER	132.650
Nattenheim	380.400
Söllingen	300.100
Söllingen	379.300
Tango	251.300
Tango	269.100
Monitor TRA 204	378.150
Monitor TRA 205 E	300.600
Monitor TRA 205 W	356.300
Monitor TRA 304 A	298.300
Monitor TRA 305 b	300.600
Monitor TRA 306 a	381.800
KARLSRUHE UACC mit Sektoren:	
Frankfurt	242.750
Frankfurt	265.650
Fulda	255.800
Fulda	356.650
Nattenheim	259.550
Nattenheim	247.400
Söllingen	234.200
Söllingen	267.500
Söllingen	256.250
Tango	234.200
Tango	232.700
Würzburg	265.650
Würzburg	378.300

Spangdahlem TOWER	257.800
Spangdahlem TOWER	336.900
Spangdahlem TOWER	381.300

Spangdahlem GND CON	279.200
Spangdahlem GND CON	363.800
Spangdahlem CLEARANCE DEL	282.900
Spangdahlem ATIS	367.725
Stetten RADAR	140.750
Stetten RADAR	249.550
Stetten RADAR	143.925
Stetten RADAR	275.350
Stetten RADAR	309.950
Stetten RADAR	357.200
Stetten TOWER	040.600
Stetten TOWER	242.500
Stetten TOWER	257.800
Stetten TOWER	345.000
Stetten TOWER	291.050
Stuttgart RADAR	338.650
Stuttgart RADAR	278.085
Stuttgart ARRIVAL	279.350
Stuttgart TOWER	337.750
Weser RADAR	255.850
Weser RADAR	290.600
Weser RADAR	340.850
Wiesbaden TOWER	030.100
Wiesbaden TOWER	142.350
Wiesbaden TOWER	278.150
Wiesbaden TOWER	369.050
Wiesbaden GND CON	138.550
Wiesbaden GND CON	250.550
Wiesbaden GND CON	338.750
Wiesbaden ATIS	139.525
Wiesbaden ATIS	250.900

Wunstorf TOWER	138.600
Wunstorf TOWER	231.200
Wunstorf TOWER	261.350
Wunstorf TOWER	257.800
Wunstorf TOWER	341.450
Wunstorf TOWER	362.300

9 Spezielle amtliche Funkdienste

9.1 Seefunkdienste

Den Funkdienst zwischen den Schiffen und den Küstenfunkstellen bzw. zwischen den Schiffen untereinander bezeichnet man als Beweglichen Seefunkdienst. Im einzelnen unterscheidet man:

Öffentlicher Seefunkdienst

Eine Telefonverbindung zu einem Schiff.

Nichtöffentlicher Seefunkdienst

Hierzu zählen Revierdienst, Hafenfunkdienst, Ortungsfunkdienst und Schiffslenkungsfunkdienst.

Der UKW-Seefunk arbeitet im Zweimeter-Band auf 57 Kanälen. Es wird im Simplex- und Duplex-Betrieb gearbeitet. Der Kanalabstand beträgt 25 KHz, als Modulationsart wird Frequenzmodulation (FM) verwendet.

Kanaltabelle für den UKW-Seefunk

Die folgende Tabelle listet die Frequenzen in MHz für die Küsten- und Seefunkstellen auf.

Kanalnummer	Seefunkstelle	Küstenfunkstelle
1	156.050	160.650
2	156.100	160.700

Kanalnummer	Seefunkstelle	Küstenfunkstelle
3	156.150	160.750
4	156.200	160.800
5	156.250	160.850
6	156.300	—
7	156.350	160.950
8	156.400	—
9	156.450	156.450
10	156.500	156.500
11	156.550	156.550
12	156.600	156.600
13	156.650	156.650
14	156.700	156.700
15	156.750	156.750
16	156.800	156.800
17	156.850	156.850
18	156.900	161.500
19	156.950	161.550
20	157.000	161.600
21	157.050	161.650
22	157.100	161.700
23	157.150	161.750
24	157.200	161.800
25	157.250	161.850
26	157.300	161.900
27	157.350	161.950
28	157.400	162.000
60	156.025	160.625
61	156.075	160.675
62	156.125	160.725

Kanalnummer	Seefunkstelle	Küstenfunkstelle
63	156.175	160.775
64	156.225	160.825
65	156.275	160.875
66	156.325	160.925
67	156.375	156.375
68	156.425	156.425
69	156.475	156.475
70	156.525	—
71	156.575	156.575
72	156.625	—
73	156.675	156.675
74	156.725	156.725
75	—	—
76	—	—
77	156.875	—
78	156.925	161.525
79	156.975	161.575
80	157.025	161.625
81	157.075	161.675
82	157.125	161.725
83	157.175	161.775
84	157.225	161.825
85	157.275	161.875
86	157.325	161.925
87	157.375	161.975
88	157.425	162.025

Ähnlich wie im Flugfunk gibt es auch beim Seefunk bestimmte Sonderfrequenzen, die für spezielle Zwecke reserviert sind:

Not- und Anruffrequenz	Kanal 16 oder 28
Von Schiff zu Schiff	Kanal 06
Verbindung zu Helikoptern	Kanal 06
Fracht/Fahrgastschiffe	Kanal 08
Wasserschutzpolizei	Kanal 09
Lotsendienste	Kanal 09
Behördenschiffe	Kanal 13
Fischerei	Kanal 10 und 77
Sportboote	Kanal 69 und 72
Such- und Rettungseinsätze	Kanäle 10, 67 und 73

Die deutschen Küstenfunkstellen arbeiten auf folgenden Kanälen:

Norddeich Radio	28, 61, 86
Elbe-Weser Radio	01, 24, 26
Elbe-Weser Radio für den Nord-Ostseekanal	23, 28, 62
Bremen Radio	25, 28
Eiderstedt Radio	25, 64
Flensburg Radio	25, 27, 64

Hamburg Radio	25, 27, 82, 83
Helgoland Radio	03, 27, 88
Kiel Radio	23, 26, 87
Kiel Radio für den Nord-Ostseekanal	24, 78
Lübeck Radio	24, 27, 82, 83
Nordfriesland Radio	05, 26

Die Revier- und Hafenfunkdienste arbeiten auf folgenden Kanälen:

Bereich Ems

Borkum Radar	18
Knock Radar	20
Wybelsum Radar	21
Ems Revier	15, 18, 20 21
Emden Lock	13
Emden Pilot	12
Leer Lock	13
Nesserland Lock	13
Papenburg Lock	13

Bereich Jade und Weser

Alte Weser Radar	22
Blexen Radar	07
Dedesdorf Radar	82
Harriersand Radar	21
Hoheweg Radar	02
Robbenplate Radar	04

Sandstedt Radar	21
Jade Radar	20
Jade Revier	20
Wilhelmshaven Port	11
Wilhelmshaven Lock	13
Bremerhaven Port	12
Bremerhaven Weser Port	14
Bremerh. Weser Revier	02, 04, 07, 16
Bremen Hunte Revier	17
Bremen Port	03, 14
Bremen Radar	12
Bremen Weser Revier	19
Brake Lock	10
Hunte Bridge	10
Elsfleth Bridge	10

Bereich Schleswig Holstein Westküste

Büsum Port	11
Husum Port	11
Eider Lock	14
Helgoland Port	67
Helgoland Pilot	13
Deutsche Bucht Revier	80

Bereich Elbe

Brunsbüttel Pilot	09, 13
Brunsbüttel Elbe Port	11, 14
Brunsbüttel Radar	04
Freiburg Radar	18, 22
Hetlingen Radar	21
Steindeich Radar	05
Cuhaven Radar	19, 21, 22
Neuwerk Radar	05, 18

Belum Radar	03
Cuxhaven Lock	69
Cuxhaven Elbe Port	12, 14
Hamburg Port	14, 73
Hamburg Elbe Port	11, 12
Hamburg Radar	03, 05, 07, 19, 63, 80
Harburg Lock	13
Elbe Pilot	67
Este Lock	10
Süderelbe Revier	13
Rethe Revier	13
Tiefstack Lock	11
Süderelbe Revier	13

Bereich Ostsee

Kiel Port	11
Kiel Pilot	14
Kiel Revier	22
Puttgarden Port	11
Trave Pilot	13
Trave Revier	20
Trave Port	19

Bereich Nord-Ostseekanal

Kiel	02, 03, 09, 12, 13
Kanal Pilot	09, 13
Breiholz Pilot	73
Holtenau Pilot	12
Ostermoor Port	73

Die oben verwendeten Bezeichnungen haben folgende Bedeutung:

Bridge	Verkehrsregelung an Brücken

Kanal	Verkehrsregelung Nord-Ostseekanal
Lock	Verkehrsregelung an Schleusen außerhalb des Nord-Ostseekanals
Port	Hafenabfertigung
Pilot	Lotsendienst
Revier	Verkehrsregelung durch die Wasser- und Schiffahrtsverwaltung
Radar	Radarschiffslenkung

9.2 Rheinfunkdienst

Die folgende Tabelle zeigt die Zuweisung der einzelnen Kanäle für die Rheinschiffahrt und die Schiffahrt auf anderen Binnengewässern:

Von Schiff zu Schiff	10, 13, 73, 77
Von Schiff zu Behörde	11, 12, 13, 14
Nautischer Infodienst	18, 20, 22, 78, 79, 80 81, 82
Öffentl. Nachrichtendienst	07, 23-28, 81-88
An Bord	15, 17
Selektivruf	16

9.3 Zugfunkdienst

Im Siebzigzentimeter-Band sind 35 Kanalpaare für den Zugfunk reserviert. Die Züge senden im Unterband und empfangen im Oberband (Duplexbetrieb). Der Kanalabstand beträgt 25 KHz, die Modulation ist FM (Frequenzmodulation). Die folgende Tabelle zeigt die Zuordnung der Kanalnummern zu den einzelnen Frequenzen.

Kanalnummer	Unterband	Oberband
11	457.450	467.450
12	457.475	467.475
13	457.500	467.500
14	457.525	467.525
15	457.550	467.550
16	457.575	467.575
17	457.600	467.600
18	457.625	467.625
19	457.650	467.650
20	457.675	467.675
21	457.700	467.700
22	457.725	467.725
23	457.750	467.750
24	457.775	467.775
25	457.800	467.800
26	457.825	467.825
27	457.850	467.850
28	457.875	467.875
29	457.900	467.900
30	457.925	467.925
31	457.950	467.950
32	457.975	467.975
33	458.000	468.000

Kanalnummer	Unterband	Oberband
34	458.025	468.025
35	458.050	468.050
36	458.075	468.075
37	458.100	468.100
38	458.125	468.125
39	458.150	468.150
40	458.175	468.175
41	458.200	468.200
42	458.225	468.225
43	458.250	468.250
44	458.275	468.275
45	458.300	468.300

Anhang A

Kanaltabelle für das Siebzigzentimeterband

Frequenzangaben in MHz

Kanalnummer	Oberband	Unterband
690	448,6000	443,6000
691	448,6125	443,6125
692	448,6250	443,6250
693	448,6375	443,6375
694	448,6500	443,6500
695	448,6625	443,6625
696	448,6750	443,6750
697	448,6875	443,6875
698	448,7000	443,7000
699	448,7125	443,7125
700	448,7250	443,7250
701	448,7375	443,7375
702	448,7500	443,7500
703	448,7625	443,7625
704	448,7750	443,7750
705	448,7875	443,7875
706	448,8000	443,8000
707	448,8125	443,8125
708	448,8250	443,8250
709	448,8375	443,8375
710	448,8500	443,8500
711	448,8625	443,8625
712	448,8750	443,8750

Kanalnummer	Oberband	Unterband
713	448,8875	443,8875
714	448,9000	443,9000
715	448,9125	443,9125
716	448,9250	443,9250
717	448,9375	443,9375
718	448,9500	443,9500
719	448,9625	443,9625
720	448,9750	443,9750
721	448,9875	443,9875
722	449,0000	444,0000
723	449,0125	444,0125
724	449,0250	444,0250
725	449,0375	444,0375
726	449,0500	444,0500
727	449,0625	444,0625
728	449,0750	444,0750
729	449,0875	444,0875
730	449,1000	444,1000
731	449,1125	444,1125
732	449,1250	444,1250
733	449,1375	444,1375
734	449,1500	444,1500
735	449,1625	444,1625
736	449,1750	444,1750
737	449,1875	444,1875
738	449,2000	444,2000
739	449,2125	444,2125
740	449,2250	444,2250
741	449,2375	444,2375
742	449,2500	444,2500
743	449,2625	444,2625
744	449,2750	444,2750
745	449,2875	444,2875

Kanalnummer	Oberband	Unterband
746	449,3000	444,3000
747	449,3125	444,3125
748	449,3250	444,3250
749	449,3375	444,3375
750	449,3500	444,3500
751	449,3625	444,3625
752	449,3750	444,3750
753	449,3875	444,3875
754	449,4000	444,4000
755	449,4125	444,4125
756	449,4250	444,4250
757	449,4375	444,4375
758	449,4500	444,4500
759	449,4625	444,4625
760	449,4750	444,4750
761	449,4875	444,4875
762	449,5000	444,5000
763	449,5125	444,5125
764	449,5250	444,5250
765	449,5375	444,5375
766	449,5500	444,5500
767	449,5625	444,5625
768	449,5750	444,5750
769	449,5875	444,5875
770	449,6000	444,6000
771	449,6125	444,6125
772	449,6250	444,6250
773	449,6375	444,6375
774	449,6500	444,6500
775	449,6625	444,6625
776	449,6750	444,6750
777	449,6875	444,6875
778	449,7000	444,7000

Kanalnummer	Oberband	Unterband
779	449,7125	444,7125
780	449,7250	444,7250
781	449,7375	444,7375
782	449,7500	444,7500
783	449,7625	444,7625
784	449,7750	444,7750
785	449,7875	444,7875
786	449,8000	444,8000
787	449,8125	444,8125
788	449,8250	444,8250
789	449,8375	444,8375
790	449,8500	444,8500
791	449,8625	444,8625
792	449,8750	444,8750
793	449,8875	444,8875
794	449,9000	444,9000
795	449,9125	444,9125
796	449,9250	444,9250
797	449,9375	444,9375
798	449,9500	444,9500
799	449,9625	444,9625

Anhang B

Kanaltabelle für das erweiterte Zweimeterband

Frequenzangaben in MHz

Kanalnummer	Oberband	Unterband
101	169,810	165,210
102	169,830	165,230
103	169,850	165,250
104	169,870	165,270
105	169,890	165,290
106	169,910	165,310
107	169,930	165,330
108	169,950	165,350
109	169,970	165,370
110	169,990	165,390
111	170,010	165,410
112	170,030	165,430
113	170,050	165,450
114	170,070	165,470
115	170,090	165,490
116	170,110	165,510
117	170,130	165,530
118	170,150	165,550
119	170,170	165,570
120	170,190	165,590
121	170,210	165,610
122	170,230	165,630
123	170,250	165,650
124	170,270	165,670
125	170,290	165,690

Anhang C

Alphabetische Liste der BOS-Rufnamen/Ortsnamen

Abkürzungen

BEPO	Bereitschaftspolizei
BGS	Bundesgrenzschutz
HELI	Polizei-Helikopter
KP	Kriminalpolizei
PAS	Autobahnpolizei
POL	Polizei
RP	Regierungspräsidium
WSP	Wasserschutzpolizei

Adler	Mannheim	POL
Adler	Hannover	RP
Agger	Gummersbach	POL
Agnes	Straubing, Deggendorf, Regen	POL
Albatros	Neustadt/H.	BGS
Alex	Remscheid, Solingen, Wuppert.	POL
Aller	Osterholz, Rotenburg, Verden	POL
Alore	Halle	POL
Amper	Dachau, Landsberg, Starnberg	POL
Anton	Saarbrücken	POL
Argus	Südpfalz	BGS
Armin	Bielefeld	POL
Arnold	Köln	POL
Asam	Flughafen München FJS	BGS
Atlas	Paderborn	POL

Atoll	Berlin	POL
Auster	Aurich, Emden, Leer	POL
Bachus	Trier	POL
Banjo	Steinfurt	POL
Barbara	Kiel, München	POL
Baron	Bredstedt	BGS
Basalt	Limburg	POL
Bastau	Minden	POL
Berolina	Berlin	POL
Berta	Calw, Mosbach, Baden-Baden	POL
Biene	Bremen	BEPO
Bigge	Lüdenscheid	POL
Birke	Birkenfeld, Bad Kreuznach	POL
Blume	Kassel, Hanau	BEPO
Bodan	Friedrichshafen	WSP
Bodo	Mettmann	POL
Börde	Soest	POL
Brama	Bad Branstedt	BGS
Bremse	Braunschweig	POL
Brücke	Osnabrück	POL
Bussard	Stuttgart	HELI
Cantil	Lübben, Cottbus, Herzberg	POL
Carola	Aue, Chemnitz, Freiberg	POL
Cäsar	Siegburg	POL
Christa	Krefeld	POL
City	Berlin	POL
Clio	Aachen	BGS
Dalke	Gütersloh	POL
David	Mülheim/Ruhr	POL
Deichgraf	Dithmarschen	POL
Delme	Delmenhorst, Brake, Lüchow	POL
Delphi	Emden	ZOLL

Donar	Kaiserslautern	PAS
Donau	Regensburg	RP
Dora	Stuttgart, Heilbronn, Aalen	POL
Drossel	Bautzen, Dresden, Meißen	POL
Drusel	Mainz	PAS
Düne	Westerland, Sylt	POL
Dürer	Nürnberg	PAS
Düssel	Düsseldorf	POL
Ebbe	Eberswalde, Prenzlau	POL
Edelweiß	Neubiberg	HELI
Edwin	Köln	RP
Egge	Höxter	POL
Egon	Duisburg	POL
Eifel	Bitburg, Daun, Wittlich	POL
Einstein	Potsdam, Belzig, Rathenow	POL
Eisvogel	Kiel	ZOLL
Elbe	Hamburg	WSP
Elster	Erfurt	PAS
Ems	Nordhorn	POL
Emu	Eschwege	BGS
Ennepe	Ennepe	POL
Erika	Neumünster	POL
Erna	Gelsenkirchen	POL
Eule	Euskirchen	POL
Eutina	Eutin	BEPO
Falke	Kassel	POL
Fanfare	Kassel	BGS
Fasan	Frankfurt/Oder	POL
Felix	Münster	RP
Florett	Flensburg	BGS
Förde	Flensburg	POL
Frank	Frankfurt/Main	POL
Freischütz	Eutin	POL

Friedrich	Freiburg, Offenburg, Waldshut	POL
Friesland	Husum	POL
Fulda	Fulda	POL
Gabriel	Düsseldorf	POL
Gamma	Berlin	POL
Genius	Wilhemshaven	POL
Georg	Arnsberg	RP
Gerau	Groß-Gerau	POL
Gerhard	Göttingen	POL
Gero	Gera, Greiz, Altenburg	POL
Gießen	Gießen	RP
Gisela	Gießen, Wetzlar	POL
Gitter	Salzgitter, Peine	POL
Goliath	Mülheim	POL
Gregor	Neuss	POL
Greif	München	POL
Grotte	Neuhaus, Lobenstein, Saalfeld	POL
Gruga	Essen	POL
Günther	Karlsruhe	POL
Günz	Günzburg	POL
Habicht	Erfurt	HELI
Hafen	Hamburg	POL
Hagen	Alzey, Worms	POL
Hamlet	Bremen	BGS
Hanno	Hannover	POL
Hansa	Hamburg	ZOLL
Hantel	Bremen	BGS
Harmonia	Hamburg	POL
Hasso	München	POL
Haune	Haunetal	BGS
Heiner	Darmstadt	POL
Heino	Heinsberg	POL
Hellweg	Unna	POL

Hermann	Lippe, Lemgo	POL
Hermes	Hagen	POL
Herta	Bottrop	POL
Herzog	Coburg, Kronach	POL
Hessen	Wiesbaden	RP
Hilde	Hildesheim	POL
Holbein	Augsburg	POL
Horst	Braunschweig	RP
Hügel	Essen	POL
Hummel	Düsseldorf	HELI
Hummer	Hamburg	BEPO
Ikarus	Magdeburg	HELI
Iller	Kempten, Lindau, Sonthofen	POL
Iltis	Ratzeburg	POL
Irma	Bochum	POL
Isar	München	POL
Isolde	Bayreuth, Kulmbach	POL
Itter	Düsseldorf	POL
Jade	Wilhelmshaven	ZOLL
Johann	Saarbrücken	KP
Jura	Lauf, Pegnitz, Roth	POL
Kabel	Kassel	BGS
Kadi	Ludwigshafen	RP
Kaiser	Speyer	POL
Kali	Bad Hersfeld	POL
Kalkberg	Bad Segeberg	POL
Karat	Berlin	POL
Karol	Düren	POL
Kastell	Frankfurt	KP
Kastor	Hamburg	KP
Keiler	Lübeck	BGS
Kilian	Kiel	POL

Kinzig	Main-Kinzig-Kreis	POL
Kleeblatt	Fürth	POL
Klette	Kleve	POL
Kogge	Rostock	ZOLL
Köppel	Bad Ems, Montabaur	POL
Kordon	Ebersberg, Erding, Freising	POL
Kosmos	Erlangen	POL
Kranich	Linken	ZOLL
Kugel	Haßfurt, Schweinfurt	POL
Kurfürst	Aschaffenburg	POL
Küste	Cuxhaven	BGS

Lanze	Berlin	POL
Lärche	Mainz	RP
Läufer	Ludwigshafen/Rhein	PAS
Laura	Landau, Germersheim	POL
Lauter	Alsfeld	POL
Lech	Augsburg	POL
Leina	Eisenach, Erfurt, Gotha	POL
Lenne	Olpe	POL
Leo	Leverkusen	POL
Libelle	Hamburg	HELI
Limes	Bad Homburg	POL
Lisa	Marburg	POL
Loisach	Bad Tölz, Garmisch	POL
Lorelei	Koblenz	RP
Lotse	Rendsburg	POL
Lotte	Itzehoe	ZOLL
Löwe	Leipzig, Torgau	POL
Ludger	Coesfeld	POL
Ludwig	Ludwigshafen	POL
Luna	Lüneburg	RP
Lutra	Kaiserslautern	POL
Lux	Ludwigshafen/Rhein	POL

Magda	Magdeburg	POL
Main	Würzburg	POL
Mambo	Berlin	POL
Mangfall	Miesbach, Rosenheim	POL
Mario	Homburg, St.Wendel, Ottweiler	POL
Markgraf	Ansbach	RP
Markus	Trier	PAS
Martha	Düsseldorf	RP
Martin	Dingolfing, Landshut	POL
Max	Weiden	POL
Merkur	Mainz	POL
Michel	Hamburg	POL
Mitte	Berlin-Mitte	POL
Moritz	Münster	POL
Mosel	Koblenz	RP
Möwe	Kiel	POL
Mulde	Dessau	POL
Nander	Neubrandenburg	POL
Neander	Mettmann	POL
Nebel	Güstrow, Parchim	POL
Neckar	Heidelberg	RP
Neptun	Bremerhaven	WSP
Nero	Wiesbaden	POL
Nette	Bad Neuenahr, Cochem, Mayen	POL
Nidda	Hofheim	KP
Nixe	Berlin	WSP
Nord	Berlin-Wedding/Pankow	POL
Nordland	Elmshorn, Scharbeutz	PAS
Nordost	Berlin-Hellersdorf/Marzahn	POL
Nordsee	Cuxhaven	ZOLL
Odeon	München	RP
Odin	Odenwaldkreis	POL
Oker	Harz, Goslar	POL

Olga	Oberhausen	POL
Onoldia	Ansbach	POL
Orgel	Kyritz, Neuruppin, Pritzwalk	POL
Orion	Oldenburg, Vechta	POL
Osning	Bielefeld	POL
Otto	Oldenburg	RP
Ottokar	Mönchengladbach	POL
Ovid	Offenbach	POL
Pamir	Wilhelmshaven	WSP
Pamas	Plön	POL
Paulus	Hamm	POL
Peene	Greifswald	POL
Pegnitz	Nürnberg	POL
Peter	Mannheim	POL
Pfalzgraf	Kaiserslautern, Westpfalz	POL
Pfänder	Lindau	BGS
Phönix	Hannover	HELI
Pirmin	Pirmasens, Zweibrücken	POL
Pirol	Bundesgrenzschutz	HELI
Pony	Warendorf	POL
Poseidon	Konstanz	WSP
Printe	Aachen	POL
Quitte	Dortmund	POL
Raban	Mainz	PAS
Rappe	Ratzeburg	BGS
Regina	Cham, Regensburg	POL
Reise	Kiel	POL
Remo	Andernach, Boppard, Simmern	POL
Reppin	Schwerin	BEPO
Rex	Ludwigshafen	POL
Rheingold	Koblenz	WSP
Rheinstein	Koblenz	PAS

Rhena	Bergisch-Gladbach	POL
Ries	Donauwörth, Dillingen	POL
Robbe	Rostock	POL
Robert	Aachen	POL
Roland	Bremen	POL
Römer	Frankfurt	POL
Rose	Pinneberg	POL
Ruwer	Trier	POL
Saale	Hof, Wunsiedel	POL
Salze	Schönebeck	POL
Säntis	Lindau	BGS
Schille	Krefeld	POL
Schlei	Scleswig	POL
Schmücke	Suhl, Meiningen	POL
Schutter	Eichstätt, Ingolstadt	POL
Schwan	Schwerin, Wismar	POL
Schwinge	Cuxhaven, Stade	POL
Seide	Krefeld	POL
Siegfried	Heppenheim	POL
Sigurd	Siegburg	POL
Simon	Merzig, Saarlouis	POL
Sole	Lüneburg, Winsen	POL
Sorpe	Meschede	POL
Sperber	Mainz	HELI
Spiegel	Wernigerode	POL
Stachus	München	POL
Steiger	Saarbrücken	POL
Steinburg	Itzehoe	POL
Stephan	Bamberg	POL
Strela	Stralsund	POL
Süd	Berlin-Kreuzberg/Neukölln	POL
Südost	Berlin-Köpenick/Treptow	POL
Südwest	Berlin-Steglitz/Tempelhof	POL
Süntel	Hameln	POL

Therme	Trier	POL
Tibet	Berlin	POL
Tilly	Borken	POL
Toni	Trier	RP
Torpedo	Schweinfurt	POL
Traube	Würzburg	POL
Traun	Altötting, Traunstein	POL
Trave	Lübeck	POL
Tristan	Bayreuth	RP
Uhland	Biberach, Reutl., Ravensburg	POL
Ulan	Berlin	POL
Uni	Bonn	POL
Union	Dortmund	POL
Unstrut	Merseburg, Naumburg	POL
Uran	Stuttgart	POL
Varus	Berlin	POL
Vera	Hamburg	POL
Viktor	Viersen	POL
Ville	Erftkreis	POL
Vils	Amberg, Schwandorf	POL
Waldeck	Korbach	POL
Waspo	Duisburg	WSP
Wedau	Duisburg-Wedau	POL
Weinbiet	Bad Dürkheim, Neustadt/W.	POL
Weintraube	Mainz	BEPO
Welle	Berlin	POL
Werra	Eschwege	POL
Weser	Hannover	RP
Wespe	Wesel	POL
West	Berlin-Spandau/Wilmersdorf	POL
Wesura	Bremen	WSP
Wetter	Friedberg	POL

Wiking	Rhein	WSP
Wied	Neuwied	POL
Wieland	Diepholz, Nienburg, Siegen	POL
Winkel	Winsen	BGS
Wipper	Heiligenstadt, Nordhausen	POL
Witta	Bitterfeld	POL
Wolf	Wolfsburg, Helmstedt, Passau	POL
Wupper	Wuppertal	BEPO
Zeder	Celle, Soltau	POL
Zeisig	Erfurt, Jena	POL
Zenit	Berlin	POL

Andere Dienste

Äskulap	Rotes Kreuz
Christoph	Rettungshubschrauber
Florian	Feuerwehr Viermeterband
Florentine	Feuerwehr Zweimeterband
Heros	Techn. Hilfswerk Viermeterband
Hermine	Techn. Hilfswerk Zweimeterband
Johannes	Johanniter Unfallhilfe Viermeterband
Jonas	Johanniter Unfallhilfe Zweimeterband
Kater	Katastrophenschutz Viermeterband
Katharina	Katastrophenschutz Zweimeterband
Leitstelle	Rotes Kreuz
Leopold	Katastrophenschutz Viermeterband
Leopoldine	Katastrophenschutz Zweimeterband
Malta	Malteserhilfsdienst
Pelikan	DLRG
Sama	Arbeiter-Samariter-Bund Viermeterband
Samuel	Arbeiter-Samariter-Bund Zweimeterband

Anhang D

Alphabetische Liste der Ortsnamen/BOS-Rufnamen

Abkürzungen

BEPO	Bereitschaftspolizei
BGS	Bundesgrenzschutz
HELI	Polizei-Helikopter
KP	Kriminalpolizei
PAS	Autobahnpolizei
POL	Polizei
RP	Regierungspräsidium
WSP	Wasserschutzpolizei

Aachen	Clio	BGS
Aachen	Printe	POL
Aachen	Robert	POL
Aalen	Dora	POL
Alsfeld	Lauter	POL
Altenburg	Gero	POL
Altötting	Traun	POL
Alzey	Hagen	POL
Amberg	Vils	POL
Ammerland	Orion	POL
Annaberg-Buchholz	Carola	POL
Andernach	Remo	POL
Ansbach	Markgraf	RP
Ansbach	Onoldia	POL
Arnsberg	Georg	RP

Arnstadt	Leina	POL
Aschaffenburg	Kurfürst	POL
Aue	Carola	POL
Augsburg	Holbein	POL
Augsburg	Lech	POL
Aurich	Auster	POL
Bad Branstedt	Brama	BGS
Bad Dürkheim	Weinbiet	POL
Bad Ems	Köppel	POL
Bad Hersfeld	Kali	POL
Bad Homburg	Limes	POL
Bad Kissingen	Kugel	POL
Bad Kreuznach	Birke	POL
Bad Neuenahr	Nette	POL
Bad Neustadt/Saale	Kugel	POL
Bad Reichenhall	Traun	POL
Bad Schwalbach	Nero	POL
Bad Segeberg	Kalkberg	POL
Bad Tölz	Loisach	POL
Baden-Baden	Berta	POL
Balingen	Uhland	POL
Bamberg	Stephan	POL
Bautzen	Drossel	POL
Bayreuth	Tristan	RP
Bayreuth	Isolde	POL
Beeskow	Fasan	POL
Belzig	Einstein	POL
Bergisch-Gladbach	Rhena	POL
Berlin	Atoll	POL
Berlin	Berolina	POL
Berlin	City	POL
Berlin	Gamma	POL
Berlin	Karat	POL
Berlin	Lanze	POL

Berlin	Mambo	POL
Berlin	Nixe	WSP
Berlin	Tibet	POL
Berlin	Ulan	POL
Berlin	Varus	POL
Berlin	Welle	POL
Berlin	Zenit	POL
Berlin-Hellersdorf/Marzahn	Nordost	POL
Berlin-Hohenschönhausen	Nordost	POL
Berlin-Prenzlauer Berg	Nordost	POL
Berlin-Weißensee	Nordost	POL
Berlin-Köpenick/Treptow	Südost	POL
Berlin-Lichtenb./Friedr.hain	Südost	POL
Berlin-Kreuzberg/Neukölln	Süd	POL
Berlin-Tempelhof	Süd	POL
Berlin-Mitte/Charlottenburg	Mitte	POL
Berlin-Spandau/Wilmersdorf	West	POL
Berlin-Steglitz/Tempelhof	Südwest	POL
Berlin-Schöneberg	Südwest	POL
Berlin-Wedding/Pankow	Nord	POL
Biberach	Uhland	POL
Bielefeld	Armin	POL
Bielefeld	Osning	POL
Birkenfeld	Birke	POL
Bitburg	Eifel	POL
Bitterfeld	Witta	POL
Böblingen	Dora	POL
Bochum	Irma	POL
Bonn	Uni	POL
Boppard	Remo	POL
Borken	Tilly	POL
Bottrop	Herta	POL
Brake	Delme	POL
Braunschweig	Bremse	POL
Braunschweig	Horst	RP

Bredstedt	Baron	BGS
Bremen	Biene	BEPO
Bremen	Hamlet	BGS
Bremen	Hantel	BGS
Bremen	Roland	POL
Bremen	Wesura	WSP
Bremerhaven	Neptun	WSP
Bundesgrenzschutz	Pirol	HELI
Calw	Berta	POL
Celle	Zeder	POL
Cham	Regina	POL
Chemnitz	Carola	POL
Cloppenburg	Orion	POL
Coburg	Herzog	POL
Cochem	Nette	POL
Coesfeld	Ludger	POL
Cottbus	Cantil	POL
Cuxhaven	Küste	BGS
Cuxhaven	Nordsee	ZOLL
Cuxhaven	Schwinge	POL
Dachau	Amper	POL
Darmstadt	Heiner	POL
Darmstadt	Hessen	POL
Daun	Eifel	POL
Deggendorf	Agnes	POL
Delmenhorst	Delme	POL
Dessau	Mulde	POL
Diepholz	Wieland	POL
Dillingen	Ries	POL
Dingolfing	Martin	POL
Dithmarschen	Deichgraf	POL
Döbeln	Löwe	POL
Donauwörth	Ries	POL
Dortmund	Quitte	POL

Dortmund	Union	POL
Dresden	Drossel	POL
Düren	Karol	POL
Düsseldorf	Düssel	POL
Düsseldorf	Gabriel	POL
Düsseldorf	Hummel	HELI
Düsseldorf	Itter	POL
Düsseldorf	Martha	RP
Duisburg	Egon	POL
Duisburg	Waspo	WSP
Duisburg-Wedau	Wedau	POL

Ebersberg	Kordon	POL
Eberswalde	Ebbe	POL
Eichstätt	Schutter	POL
Eisenach	Leina	POL
Eisenhüttenstadt	Fasan	POL
Elmshorn	Nordland	PAS
Emden	Auster	POL
Emden	Delphi	ZOLL
Emmendingen	Friedrich	POL
Ennepe	Ennepe	POL
Erding	Kordon	POL
Erftkreis	Ville	POL
Erfurt	Elster	PAS
Erfurt	Habicht	HELI
Erfurt	Leina	POL
Erfurt	Zeisig	POL
Erlangen	Kosmos	POL
Eschwege	Emu	BGS
Eschwege	Werra	POL
Essen	Gruga	POL
Essen	Hügel	POL
Esslingen	Dora	POL
Euskirchen	Eule	POL

Eutin	Eutina	BEPO
Eutin	Freischütz	POL
Finsterwalde	Fasan	POL
Flensburg	Florett	BGS
Flensburg	Förde	POL
Forchheim	Stephan	POL
Frankenthal	Lux	POL
Frankfurt	Kastell	KP
Frankfurt	Römer	POL
Frankfurt/Main	Frank	POL
Frankfurt/Oder	Fasan	POL
Freiberg	Carola	POL
Freiburg	Friedrich	POL
Freising	Kordon	POL
Freudenstadt	Berta	POL
Freyung	Wolf	POL
Friedberg	Wetter	POL
Friedrichshafen	Bodan	WSP
Friedrichshafen	Uhland	POL
Fürstenfeldbruck	Amper	POL
Fürstenwalde	Fasan	POL
Fürth	Kleeblatt	POL
Fulda	Fulda	POL
Garmisch-Partenkirchen	Loisach	POL
Gelsenkirchen	Erna	POL
Gera	Gero	POL
Germersheim	Laura	POL
Gießen	Gießen	RP
Gießen	Gisela	POL
Göppingen	Dora	POL
Görlitz	Drossel	POL
Goslar	Oker	POL
Gotha	Leina	POL

Göttingen	Gerhard	POL
Greifswald	Peene	POL
Greiz	Gero	POL
Groß-Gerau	Gerau	POL
Guben	Fasan	POL
Günzburg	Günz	POL
Güstrow	Nebel	POL
Gütersloh	Dalke	POL
Gummersbach	Agger	POL
Hagen	Hermes	POL
Halle	Alore	POL
Hamburg	Elbe	WSP
Hamburg	Hafen	POL
Hamburg	Hansa	ZOLL
Hamburg	Harmonia	POL
Hamburg	Hummer	BEPO
Hamburg	Kastor	KP
Hamburg	Libelle	HELI
Hamburg	Michel	POL
Hamburg	Vera	POL
Hameln	Süntel	POL
Hamm	Paulus	POL
Hanau	Blume	POL
Hannover	Adler	RP
Hannover	Deister	POL
Hannover	Hanno	POL
Hannover	Phönix	HELI
Hannover	Weser	RP
Harz	Oker	POL
Haßfurt	Kugel	POL
Haunetal	Haune	BGS
Heidelberg	Neckar	RP
Heidenheim	Dora	POL
Heilbronn	Dora	POL

Heiligenstadt	Wupper	POL
Heinsberg	Heino	POL
Helmstedt	Wolf	POL
Heppenheim	Siegfried	POL
Herzberg	Cantil	POL
Hildesheim	Hilde	POL
Höxter	Egge	POL
Hofheim	Frank	POL
Hofheim	Nidda	KP
Hof	Saale	POL
Homberg	Schwalm	POL
Homburg	Mario	POL
Hoyerswerda	Drossel	POL
Husum	Friesland	POL
Ingolstadt	Schutter	POL
Itzehoe	Lotte	ZOLL
Itzehoe	Steinburg	POL
Jena	Zeisig	POL
Jever	Genius	POL
Kaiserslautern	Donar	PAS
Kaiserslautern	Lutra	POL
Kaiserslautern/Westpfalz	Pfalzgraf	POL
Karlsruhe	Günther	POL
Kassel	Falke	POL
Kassel	Fanfare	BGS
Kassel	Hessen	PAS
Kassel	Kabel	BGS
Kassel	Blume	BEPO
Kaufbeuren	Iller	POL
Kelheim	Martin	POL
Kempten	Iller	POL
Kiel	Eisvogel	ZOLL

Kiel	Kilian	POL
Kiel	Möwe	POL
Kiel	Reise	POL
Kiel	Barbara	POL
Kirchheimbolanden	Hagen	POL
Kitzingen	Traube	POL
Kleve	Klette	POL
Koblenz	Lorelei	RP
Koblenz	Mosel	RP
Koblenz	Rheingold	WSP
Koblenz	Rheinstein	PAS
Köln	Arnold	POL
Köln	Edwin	RP
Konstanz	Poseidon	WSP
Korbach	Waldeck	POL
Krefeld	Christa	POL
Krefeld	Schille	POL
Krefeld	Seide	POL
Kronach	Herzog	POL
Kulmbach	Isolde	POL
Künzelsau	Dora	POL
Kusel	Lutra	POL
Kyritz	Orgel	POL
Landau	Laura	POL
Landsberg	Amper	POL
Landshut	Martin	POL
Lauf	Jura	POL
Leer	Auster	POL
Leipzig	Löwe	POL
Lemgo	Hermann	POL
Leverkusen	Leo	POL
Lichtenfels	Herzog	POL
Limburg	Basalt	POL
Lindau	Iller	POL

Lindau	Pfänder	BGS
Lindau	Säntis	BGS
Linken	Kranich	ZOLL
Lippe, Lemgo	Hermann	POL
Lobenstein	Grotte	POL
Lörrach	Friedrich	POL
Ludwigsburg	Dora	POL
Ludwigshafen	Kadi	RP
Ludwigshafen	Ludwig	POL
Ludwigshafen	Rex	POL
Ludwigshafen/Rhein	Läufer	PAS
Ludwigshafen/Rhein	Lux	POL
Ludwigslust	Schwan	POL
Lübben	Cantil	POL
Lübben	Einstein	POL
Lübeck	Keiler	BGS
Lübeck	Trave	POL
Lüchow	Delme	POL
Lüdenscheid	Bigge	POL
Lüneburg	Luna	RP
Lüneburg	Sole	POL
Magdeburg	Ikarus	HELI
Magdeburg	Magda	POL
Mainz	Drusel	PAS
Mainz	Lärche	RP
Mainz	Merkur	POL
Mainz	Raban	PAS
Mainz	Sperber	HELI
Mainz	Weintraube	BEPO
Main-Kinzig-Kreis	Kinzig	POL
Mannheim	Adler	
Mannheim	Peter	POL
Marburg	Lisa	POL
Marktoberdorf	Iller	POL

Mayen	Nette	POL
Meiningen	Schmücke	POL
Meißen	Drossel	POL
Memmingen	Günz	POL
Merseburg	Unstrut	POL
Merzig	Simon	POL
Meschede	Sorpe	POL
Mettmann	Bodo	POL
Mettmann	Neander	POL
Miesbach	Mangfall	POL
Miltenberg	Kurfürst	POL
Mindelheim	Günz	POL
Minden	Bastau	POL
Mittweila	Carola	POL
Mönchengladbach	Ottokar	POL
Montabaur	Klöppel	POL
Mosbach	Berta	POL
Mühldorf/Inn	Traun	POL
Mülheim	Goliath	POL
Mülheim/Ruhr	David	POL
München	Barbara	POL
München	Greif	POL
München	Hasso	POL
München	Isar	POL
München	Odeon	RP
München	Stachus	POL
München Flughafen	Asam	BGS
Münster	Felix	RP
Münster	Moritz	POL
Naumburg	Unstrut	POL
Neubiberg	Edelweiß	HELI
Neubrandenburg	Nander	POL
Neuhaus	Grotte	POL
Neuburg	Schutter	POL

Neumarkt	Regina	POL
Neumünster	Erika	POL
Neuruppin	Orgel	POL
Neuwied	Wied	POL
Neuss	Gregor	POL
Neustadt/H.	Albatros	BGS
Neustadt/W.	Weinbiet	POL
Neuwied	Wied	POL
Nienburg	Wieland	POL
Nordhausen	Wipper	POL
Nordhorn	Ems	POL
Nürnberg	Dürer	PAS
Nürnberg	Pegnitz	POL
Nürnberg Land	Jura	POL
Oberhausen	Olga	POL
Odenwaldkreis	Odin	POL
Offenbach	Ovid	POL
Offenburg	Friedrich	POL
Oldenburg	Otto	RP
Oldenburg	Orino	POL
Olpe	Lenne	POL
Oranienburg	Orgel	POL
Osnabrück	Brücke	POL
Ostcrholz	Aller	POL
Ottweiler	Mario	POL
Paderborn	Atlas	POL
Parchim	Nebel	POL
Passau	Wolf	POL
Pegnitz	Jura	POL
Peine	Gitter	POL
Pfarrkirchen	Wolf	POL
Pforzheim	Berta	POL
Pinneberg	Rose	POL

Pirmasens	Pirmin	POL
Pirna	Drossel	POL
Plauen	Carola	POL
Plön	Pamas	POL
Potsdam	Einstein	POL
Prenzlau	Ebbe	POL
Pritzwald	Orgel	POL
Rastatt	Berta	POL
Rathenow	Einstein	POL
Ratzeburg	Iltis	POL
Ratzeburg	Rappe	BGS
Ravensbur	Uhland	POL
Regen	Agnes	POL
Regensburg	Donau	RP
Regensburg	Regina	POL
Remscheid	Alex	POL
Rendsburg	Lotse	POL
Reutlingen	Uhland	POL
Rhein	Wiking	WSP
Rosenheim	Mangfall	POL
Rostock	Kogge	ZOLL
Rostock	Robbe	POL
Rotenburg	Aller	POL
Roth	Jura	POL
Rottweil	Friedrich	POL
Saalfeld	Grotte	POL
Saarbrücken	Anton	POL
Saarbrücken	Johann	KP
Saarbrücken	Steiger	POL
Saarlouis	Simon	POL
Salzgitter	Gitter	POL
Scharbeutz	Nordland	POL
Schönebeck	Salze	POL

Schwabach	Jura	POL
Schwandorf	Vils	POL
Schweinfurt	Kugel	POL
Schweinfurt	Torpedo	POL
Schwerin	Reppin	BEPO
Schwerin	Schwan	POL
Schleswig	Schlei	POL
Seelow	Fasan	POL
Senftenberg	Cantil	POL
Siegburg	Cäsar	POL
Siegburg	Sigurd	POL
Siegen	Wieland	POL
Sigmaringen	Uhland	POL
Simmern	Remo	POL
Soest	Börde	POL
Soltau	Zeder	POL
Sonthofen	Iller	POL
Speyer	Kaiser	POL
Stade	Schwinge	POL
Starnberg	Amper	POL
Steinfurt	Banjo	POL
Stollberg	Carola	POL
Stralsund	Strela	POL
Straubing	Agnes	POL
Stuttgart	Bussard	HELI
Stuttgart	Uran	POL
Stuttgart	Dora	POL
St. Wendel	Mario	POL
Südpfalz	Argus	BGS
Suhl	Schmücke	POL
Sylt	Düne	POL
Tirschenreuth	Max	POL
Torgau	Löwe	POL
Traunstein	Traun	POL

Trier	Bachus	POL
Trier	Markus	PAS
Trier	Ruwer	POL
Trier	Therme	POL
Trier	Toni	RP
Tuttlingen	Friedrich	POL
Uelzen	Sole	POL
Ulm	Uhland	POL
Unna	Hellweg	POL
Vechta	Orion	POL
Verden	Aller	POL
Viersen	Viktor	POL
Villingen-Schwenningen	Friedrich	POL
Waiblingen	Dora	POL
Waldshut	Friedrich	POL
Warendorf	Pony	POL
Weiden	Max	POL
Weilheim	Loisach	POL
Wernigerode	Spiegel	POL
Wesel	Wespe	POL
Westerland	Düne	POL
Wetzlar	Gisela	POL
Wiesbaden	Hessen	RP
Wiesbaden	Nero	POL
Wilhelmshaven	Jade	ZOLL
Wilhelmshaven	Pamir	WSP
Wilhemshaven	Genius	POL
Winsen	Sole	POL
Wismar	Schwan	POL
Wittlich	Eifel	POL
Wittmund	Genius	POL
Winsen	Winkel	BGS

Wolfenbüttel	Gitter	POL
Wolfsburg	Wolf	POL
Worms	Hagen	POL
Wunsiedel	Saale	POL
Würzburg	Main	POL
Würzburg	Traube	POL
Wuppertal	Alex	POL
Wuppertal	Wupper	BEPO
Zeulenroda	Gero	POL
Zittau	Drossel	POL
Zweibrücken	Pirmin	POL
Zwickau	Carola	POL

Nachwort

Elektromagnetische Verträglichkeit EMV

Ein wesentlicher Teil des Fortschrittes ist in unserem Jahrhundert die Verwendung des elektrischen Stromes. Jedoch ist in letzter Zeit die Elektrizität ins Gerede gekommen. Denn erst seit kurzer Zeit weisen Fachleute auf die Schädlichkeit von hohen Frequenzen in bestimmten Strahlungsleistungen auf den menschlichen Körper hin. Ein Vergleich zur friedlichen Nutzung von Kernenergie in Atomkraftwerken der 70er Jahre drängt sich auf.

Das Schlagwort „Elektrosmog" wird plötzlich immer häufiger von einigen (meist privaten) TV-Sendern verbreitet. Immer wieder werden Baustopps gegen Mobilfunksender auf freistehenden Masten oder Hochhäusern erwirkt. Ökoverbände sozialisieren sich mit Bürgerinitiativen. Staatlich anerkannte Meßstellen überprüfen alle Strahlungsquellen und bringen immer neue Bestimmungen, über die Einhaltungen von maximalen Strahlungsleistungen heraus.

Grundsätzlich unterscheiden wir zwei Elektrosmog-Bereiche.
Zum ersten der niederfrequente Elektrosmog. Darunter fällt unser 50 Hz Stromversorgungsnetz, das meist über sehr lange Freileitungsnetze zu uns transportiert wird. Streitet man sich hierzulande über die negative Wirkung einer Freileitung, die über ein bewohntes Haus verläuft, so steht es außer Frage, daß in den USA ein Ein- oder Mehrfamilienhaus einen bestimmten Abstand zu einer Freileitung mit mehreren KV einhalten muß.

Unwohlsein bis zu starken Erkrankungen wollen einige „Stromfühlige" solchen elektrischen Feldern zuweisen. Wenn auch Ärzte und Professoren geteilter Meinung sind, hat die Industrie auf dieses Problem schon reagiert. Sogenannte Stromfreischalter werden auf Wunsch in die Hausstromverteiler eingebaut. Diese Elektronik überwacht dann die Stromleitungen im Schlafzimmer. Wird die Nachttischlampe ausgeschaltet, so schaltet kurz darauf die Elektronik das Stromnetz des Schlafzimmers ab. Wird die Nachttischlampe wieder eingeschaltet, so kehrt der Strom in Sekunden zurück. Natürlich darf in einem solchen Netz ein Radiowecker oder gar eine Heizdecke nicht eingesetzt werden. Jedoch wäre für einen „Stromfühligen" eine Heizdecke mit einem heißen Grillrost zu vergleichen, denn solche Decken sind mit stromführenden Drähten durchzogen.

Die zweite Variante ist der hochfrequente Elektrosmog. Der Frequenzbereich hierzu erstreckt sich von 100 KHz bis gegenwärtig 10 GHz. im Vergleich zum niederfrequenten Elektrosmog lassen sich hier Erkrankungen schnell nachweisen.

Was in einem Mikrowellenherd erwünscht ist, soll von dem menschlichen Körper möglichst fern bleiben. Nicht umsonst gibt es sehr strenge Sicherheitsvorschriften für Mikrowellenherde. Bei Leistungen von 500-1000 W werden bis zu drei Schalter in das Gerät eingebaut, welche gewährleisten, daß die Tür richtig verschlossen ist. Somit soll sichergestellt werden, daß keine Strahlung bei Speisezubereitung aus dem Gerät austreten kann.

Bei den Funktelefonen wurde die abgestrahlte Sendeleistung über die Antenne immer wieder drastisch reduziert. Bei Mobiltelefonen ist ein gewisser Abstand zur Antenne vorgeschrieben, der bei zunehmender Sendeleistung immer größer wird.

CE-Kennzeichnung und EMC-Richtlinien

Wenn ein Hersteller oder Unternehmer ein Produkt in einem Land verkaufen will, so muß er sich den jeweiligen gesetzlichen Bestimmungen anpassen. Diese Richtlinien gelten sowohl für einen Spielzeugteddybären, als auch für einen Handscanner.

Natürlich werden für beide nicht die gleichen Maßstäbe angesetzt. So muß das Fell des Teddybären eine schwere Entflammbarkeit aufweisen. Der Handscanner darf weder aus seinem Gehäuse noch über die Antennenbuchse ein Signal ausstrahlen, daß Fernsehgeräte oder andere elektronische Geräte (z. B. über einen Abstand von 10 m) gestört werden.

Nachweispflichtig für die Einhaltung der CE-Richtlinien ist jeweils der Generalvertrieb oder der Hersteller. Selbstverständlich jedoch auch der Benutzer, der jedoch nur sicherstellen muß, daß er das Gerät wie in der Bedienungsanleitung vorgeschrieben, benutzt hat.

EMC ist die Abkürzung für die elektromagnetische Verträglichkeit (electro-magnetic compatibility). Die europäische Normzuweisung ist die CE-Kennzeichnung (conformité européenne).

Ein Gerät oder Gebrauchsgegenstand, der dieses Zeichen trägt, verweist auf die Herstellung nach europäischer Norm. Das CE-Zeichen ist kein Qualitätskennzeichen, so daß z. B. eine Bohrmaschine zwar nach den europäischen Richtlinien gefertigt wurde, aber keinesfalls auch sehr gut bohren muß.

Die EMC-Verordnungen befassen sich mit allen Geräten, die elektromagnetische Störungen verursachen, oder von solchen beeinflußt werden können.

Ab 1. Januar 1996 müssen Vertreiber und Hersteller die in Verkehrbringung nach EMC-Norm nachweisen. Besonders der Verkauf von HF-Verstärkern und Geräten, wie Antennenmeßgeräte und CB-Funk Artikel, wird dann problematisch sein. Denn gerade diese Produktpalette wurde bislang von Billigprodukten aus Italien überschwemmt.

Große Vertreiberfirmen, wie auch Garagenfabrikanten werden mit Zulassungsverfahren kalkulieren müssen, was das Endprodukt natürlich verteuert.

Die Einhaltung der Normen wird von den dafür zuständigen Stellen, wie dem TÜV überprüft. Kann ein Unternehmen diese Normeinhaltung nicht nachweisen, so kann die überwachende Organisation die Ware auch beschlagnahmen lassen.

Für den „Otto-Normalverbraucher" heißt es also, ist ein CE-Kennzeichen an der Ware vorhanden, ist alles ok, lediglich die Betriebsanleitung ist zu beachten.

Bezugsquellennachweis

Scanner und Zubehör

Lancet Funkcenter
67659 Kaiserslautern
Vogelwoogstr. 28
Tel.0631-97148

CONRAD electronic
Klaus — Conrad — Str. 1
92240 Hirschau
Tel. 09622-30-111

Bogerfunk
88326 Aulendorf
Grundesch 15
Tel. 07525-451

Lange-electronic
59872 Meschede
Klemmenstr. 5
Tel. 0291-2112

Sachverzeichnis

I

K

L

M

N

P

R

S

T

U

V

W

Z

W

Z